典型矿业城市大气颗粒物地球化学特征

黄艺 程馨 倪师军 著

U0266545

科学出版社

北京

内 容 简 介

本书以中国西南地区典型矿业城市——攀枝花市大气为例，运用地球化学、矿物学、环境科学、大气环境化学，结合扫描电镜-X射线能谱、X射线衍射技术、激光粒度仪、离子色谱、热/光碳分析仪、电感耦合等离子体质谱等现代分析方法对攀枝花市大气颗粒物的地球化学特征及其环境效应进行了系统的研究。

本书可供大气科学、环境科学、大气环境化学及环境地质学等领域的科技人员、高等院校有关专业师生及环境保护部门从事大气污染防治工作的技术人员及管理人员阅读和参考。

审图号：川 S[2023]00023 号

图书在版编目(CIP)数据

典型矿业城市大气颗粒物地球化学特征 / 黄艺，程馨，倪师军著.
—北京：科学出版社，2023.6
ISBN 978-7-03-075667-1

Ⅰ.①典… Ⅱ.①黄… ②程… ③倪… Ⅲ.①矿业城镇-城市空气污染-粒状污染物-环境地球化学-研究-西南地区 Ⅳ.①X513

中国国家版本馆 CIP 数据核字(2023)第 099857 号

责任编辑：罗 莉 / 责任校对：彭 映
责任印制：罗 科 / 封面设计：墨创文化

科学出版社 出版
北京东黄城根北街16号
邮政编码：100717
http://www.sciencep.com

四川煤田地质制图印务有限责任公司印刷
科学出版社发行 各地新华书店经销
*
2023 年 6 月第 一 版 开本：B5（720×1000）
2023 年 6 月第一次印刷 印张：11 3/4
字数：250 000
定价：149.00 元
（如有印装质量问题，我社负责调换）

前　言

　　矿业城市是指围绕矿产资源丰富的地区，形成一个以矿石开采、加工、冶炼为主要产业的城市。我国的矿业城市是在开发利用能源和矿产资源的基础上，以消耗一定数量的自然资源发展起来的。近年来，由于工业化和城市化的迅猛发展，经济增长对自然资源的需求不断增加。自 20 世纪 90 年代以来，我国矿产资源消费量的增长速度显著高于同期世界上任何国家，已成为世界矿产资源消费的大国之一。矿业城市在为国民经济发展作出巨大贡献的同时，也导致了较为严重的大气环境污染问题。大气颗粒物（降尘、PM_{10}、$PM_{2.5}$ 和 PM_1）和气态污染物（如 SO_2、CO、NO_x 和 O_3 等）是影响矿业城市空气质量的主要污染物。据统计，我国烟尘排放量的 70%，SO_2 排放量的 70%~80%，NO_x 排放量的 67%，CO_2 排放量的 70% 均来源于工业煤炭燃烧。同时，金属矿产冶炼中产生的重金属粉尘、烟尘中含有许多有害有毒物质，如苯并芘、铅、汞、砷、镉、镍等。

　　黑色冶金是高耗能、高污染行业，能耗以煤和焦炭为主，对大气环境的影响巨大。根据中国能源统计年鉴，2013 年我国黑色冶金能源消费总量为 6.88 亿 tce[①] 煤，比重为 16.5%。据国际钢铁协会的统计数据，2014 年我国粗钢产量达到 82269.8 万 t，2018 年我国钢产量突破了 9 亿 t，连续 18 年居世界首位。然而，我国黑色冶金行业大多建于 20 世纪 50 年代，因为设备陈旧、除尘工艺落后，很多企业厂区内粉尘种类复杂，排放的粉尘毒性较强，污染较严重，由其引发的大气污染问题引起了全社会的广泛关注。攀枝花市是我国西南地区典型的黑色冶金矿业城市，是 20 世纪 60 年代为开发我国西部丰富的矿藏资源，改善我国工业布局而建设并发展起来的重工业城市，2008 年 4 月，中国矿业联合会将其命名为"中国钒钛之都"。在 50 多年的发展历程中，高强度的工矿业活动再加上特殊地形、气候条件的影响，该区环境空气质量问题备受关注。查明各项污染物的地球化学特征，可为黑色冶金矿山的可持续发展提供科学依据。

　　本书对攀枝花市大气环境质量的变化趋势及颗粒物的地球化学特征进行了全面剖析。全书分为上、下两篇，共 6 章内容。第 1~3 章在介绍研究区概况的基础上，系统分析攀枝花市空气质量的变化趋势及影响因素，并建立了 $PM_{2.5}$ 相关因素多元回归预测模型；第 4~6 章对矿区近地表大气尘、可吸入颗粒物和超细颗粒

---

① tce: ton of standard coal equivalent，吨标准煤当量。

物的地球化学特征进行了总结。

　　本书是作者对攀枝花市大气颗粒物多年研究成果的系统总结，汇集了博士研究生程馨和王进进及硕士研究生何敏、李婷和苏挺在大气颗粒物地球化学特征领域的研究成果，研究生石慧斌、邵波霖、朱殿梅和钟可意及本科生王笠成、胡雨婷在资料收集、数据整理等方面为本书最终成稿付出了大量辛勤的工作。

　　本书出版得到国家国际科技合作计划专项"攀枝花钒钛磁铁矿区钒污染治理的关键技术联合研究（2013DFA21690）"、国家重点研发计划专题"成渝地区大气重污染形成过程与时空分布研究（2018YFC0214001）"、国家自然科学基金"大气颗粒物重金属源汇特性及 Cd-V 同位素体系示踪（41673190）"、四川省青年科技创新研究团队项目"矿山地质环境生态修复关键技术四川省青年科技创新团队（2021JDTD0013）"等研究项目资助。同时，得到广西密码学与信息安全重点实验室研究课题"物联网边缘环境下安全数据隐私保护研究（GCIS201916）"、广西可信软件重点实验室研究课题"物联网边缘计算环境下云数据隐私保护技术研究（kx202009）"、网络与交换技术国家重点实验室研究课题"面向时空大数据融合与挖掘的智能服务计算模型（SKLNST-20192-16）"的支持。本书可为黑色冶金矿业城市大气环境污染治理提供科学依据，对保障长江上游生态屏障安全、实现区域可持续发展具有重要意义。

　　由于作者水平所限，书中难免存在疏漏之处，请广大读者批评指正！

目　　录

上篇　攀枝花市环境空气质量变化趋势

第1章 研究区概况

1.1 自然地理概况

攀枝花市（东经 101°08′～102°15′，北纬 26°05′～27°21′）地处四川省西南部川滇交界，金沙江与雅砻江的交汇处，是长江经济带上的重点资源保护开发区和生态环境建设区。全市辖三区两县，城区由河谷或山岭隔开，分成相对独立的三个区域，即东区、西区和仁和区，城区北部与米易县、盐边县相接，南边、西边与云南省永仁县、华坪县相连。全市面积为 7414km^2，人口为 121.2 万人，人口密度为 164 人/km^2，是一个人口高度集中的城市。

攀枝花市地处攀西大裂谷中南段，地势呈东西走向，地形则是典型的干热河谷地貌。山脉纵横，地形崎岖，高低悬殊，河流纵横交错，地形切割强烈，矿区海拔为 1000～3000m，相对高差一般为 1000～2000m，岩坡陡峭，多直形坡（李玉昌，2000）。金沙江在此自西向东流过，切割山地成一高山深谷，谷深达 1000m，而山高谷深有利于逆温层形成，厚度达 400～500m，逆温天数每年长达 215 天，旱季逆温出现频率在 90%以上，严重影响了大气污染物的扩散、稀释等自然净化作用。

攀枝花市的气候属于干热河谷气候，具有四季不分明、旱雨季分明、日照时数多（2300～2900h/a）、太阳光辐射强、垂直气候差异显著、局地小气候复杂多样等特点。攀枝花市年平均气温为 19.7～20.5℃，具有年平均气温变化小且日平均气温变化大的特点。气候环境有利于岩土物理风化和化学风化作用的进行。旱雨季分明，一般 6～10 月为雨季，其他时间为旱季，年降水量为 760～1200mm，全年约 90%的降水集中在雨季，且多为夜雨、阵雨，降水强度大（张玉琴等，2013）。常年以西南季风为主但冬天有北风，地形的影响使风向随局部地形差别而异，全年平均风速为 1.7m/s，静风频率高。

攀枝花市矿产开发区的植被覆盖较差，尤其是市区内的矿山，如宝鼎矿区、兰尖和朱家包包矿采区，东区和西区境内的砂石矿山植被较少，固沙固土能力有限（李玉昌，2000），矿山地质环境先天脆弱。区域内河流水系发育，水能资源丰富，区内河网稠密，具有山地河流的特征，主要河流有干流金沙江及其一级支流雅砻江、二级支流安宁河，金沙江由东向西流经攀枝花市市区。

1.2　区域地质概况

攀枝花地区位于川滇南北向构造带，大地构造上属扬子地台西缘、康滇地轴中南段。区域内地层发育齐全，以元古界、古生界和中生界最发育，新生界分布少且零星，尤以巨厚的中生界地层占主要地位，另有少量新近纪及第四纪沉积零星出露(喻凤莲，2007；徐争启，2009；马玉孝等，2001)。区域地质环境复杂，岩性多样，主要有太古宇—下元古界高级变质岩——康定杂岩，震旦系白云岩、大理岩、砂岩、页岩，二叠系玄武岩、灰岩、黏土岩、粉砂岩，三叠系泥岩、砂岩、砾岩；新近系到第四系昔格达组钙质砂岩到泥页岩，第四系松散堆积物(喻凤莲，2007)。

攀枝花地区的岩浆岩十分发育，包括晋宁期、华力西期、燕山期的岩浆岩，除东南边缘较少外，呈大面积分布，以前寒武纪及晚二叠世两大岩浆旋回为主。岩石类型以基性、超基性岩为主，其中以基性火山岩分布最广。华力西期岩浆岩主要分布在元谋—昔格达南北向断裂带和攀枝花断裂带之间，即从米易的白马一直延伸到攀枝花红格、新九一带，形成北东走向的岩浆岩带，这个时期的岩浆岩是攀枝花市多金属共生矿的主要成矿岩体，岩浆活动以玄武岩的喷发为特征，其次是超基性、基性和碱性岩浆入侵，形成断续出露的橄榄岩、辉岩、辉长岩、正长岩等岩体。攀枝花辉长岩岩体为著名的攀枝花钒钛磁铁矿的母岩，呈北东—南西向展布，面积最广。辉长岩岩体中普遍具有原生层状构造，岩浆分凝作用清晰，矿物成分配比规律，岩体含矿性高。因受断裂切割分为朱家包包、兰家火山、尖包包、倒马坎、公山、纳拉箐等 6 个矿段。

攀枝花地区变质岩分布并不是很广，但变质岩类型齐全，有前震旦系、震旦系的千枚岩、片岩、片麻岩、榴辉岩等，并含有钒钛磁铁矿；古生界为页岩、砂岩、灰岩和低变质的大理岩(雍章弟，2014)。各类岩体集中分布在金河—箐河断裂东南的南北向构造带内，形成南北向延展的"杂岩带"。元古界的前震旦系变质岩主要分布在盐边新坪、渔门、橘子坪一带及米易北部的普威和市区中部的仁和区。攀枝花的接触变质岩主要分布在华力西期—印支期的岩浆岩与震旦系巴关河组、观音崖组、灯影组，二叠系梁山组、阳新组的接触带附近。

研究区内构造复杂，褶皱发育，有大小断裂 250 多条，发育多组深大断裂。区内发育以近南北—北东向线型褶皱与兼具左行走滑的逆冲(推覆)断裂为主要特征，形成于喜马拉雅期，第四纪以来仍然有较明显的活动。区内构造可分为基底构造和盖层构造两大构造层。断裂构造特征是以南北向或北东向的深大断裂为主干构造，控制了区内岩浆活动、盆地演化及沉积作用。

1.3　矿产资源概况

　　攀枝花市是我国西南地区矿业城市的典型代表，是我国矿产资源最富集的地区之一。攀枝花市矿产资源具有种类多(图 1-1)、储量大、分布集中、埋藏浅、选矿性能好、综合利用价值高、组合配套能力强等特点，被誉为"矿产资源聚宝盆""天然地质博物馆"等。现已发现矿种 76 种，已探明储量并得到开发利用的有 45 种，探明储量的矿产有 39 种，矿产地有 490 余处(含矿点、矿化点)，其中大型、特大型矿床有 45 个，中型矿床有 31 个，累计探明钒钛磁铁矿石储量 790415 万吨，伴生的钛储量 43125 万吨、钒储量 1054 万吨，探明的钛资源储量居世界第一位，钒资源储量居全国第一位、世界第三位，拥有全国 98%的钪和 1/3 的钴、铬、镍、镓资源。现攀枝花已成为我国西南地区最大的铁矿石原料基地和全国最大的钛原料基地，是全国四大铁矿区之一。

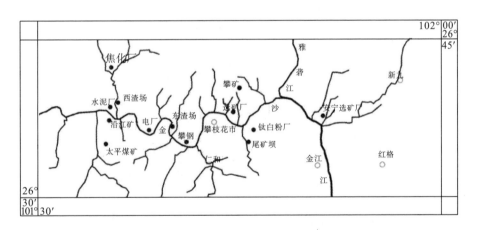

图 1-1　攀枝花市矿产资源分布图(据徐争启，2009；张成江等，2006)

　　攀枝花市的金属矿产主要有著名的钒钛磁铁矿，共有两个超大型钒钛磁铁矿矿床，即红格钒钛磁铁矿和攀枝花钒钛磁铁矿。攀枝花钒钛磁铁矿矿石中的 Fe 含量为 31%～35%，TiO_2 含量为 8.98%～17.05%，V_2O_5 含量为 0.28%～0.34%，Co 含量为 0.014%～0.023%，Ni 含量为 0.008%～0.015%，属高钛高铁矿石，攀枝花市的朱家包包和兰尖矿是攀钢集团有限公司(简称攀钢)的主要矿山。红格钒钛磁铁矿属低铁高钛型矿石，TiO_2 含量达 9.12%～14.04%，其他组分平均品位 Fe 为 36.39%，V_2O_5 为 0.33%，同时矿石中含镍量比较高，平均为 0.27%。化学光谱分析表明，攀枝花钒钛磁铁矿矿石中含有各类化学元素 30 多种，有益元素达 10

多种，若按矿物含量进行排序，依次为 Fe、Ti、S、V、Mn、Cu、Co、Ni、Cr、Sc、Ga、Nb、Ta、Pt；若以矿物经济价值排列，则排序为 Ti、Sc、Fe、V、Co、Ni。因而，攀枝花市被称为我国的"钒钛之都"。

攀枝花市的非金属矿产资源丰富，主要有溶剂用白云石矿、石灰石矿、黏土矿、水泥用石灰石矿、大理石矿、硅藻土矿、花岗石等，种类多样，是四川乃至全国非金属矿产资源富集区之一。煤矿为攀枝花市的重要矿种，是攀钢和攀枝花市的主要能源，煤矿已探明储量的有 12 处，保有储量达 10.9 亿吨，主要分布在宝鼎—太平煤田。炼焦用煤储量达 4 亿吨，主要分布在攀枝花市的宝鼎矿区。

经过 50 多年的发展，矿业和以矿业为基础的冶金、化工、建材和能源等产业都已形成攀枝花市的支柱产业，厂矿房舍沿金沙江两岸呈梯度分布，工矿区和居民区相互交错，无明显功能区之分，人居环境相对较差。以攀钢为代表的重工业坐落在东区的弄弄坪片区，该片区建成区面积为 $10.5km^2$，人口有 10 余万，是全国钢铁基地之一；以煤炭、电力、建材、冶金为主的大、中型工业坐落在西区河门口片区，是第二个主要工业片区，该片区建成区面积为 $8.5km^2$，人口约为 10 万；仁和区则主要是商业和居住聚集区。市区内交通运输频繁，多以重型柴油车为主，交通运输过程中产生的大量扬尘严重影响当地居民的生活。

1.4　大气环境概况

攀枝花地区矿业开发造成的大气环境影响类型多样，表现为采矿、爆破、运输、堆存、冶炼等过程中造成的烟尘、粉尘及矿业活动等物理污染和采矿、炼焦等过程中有机、有毒、有害及酸性气体物质释放造成的化学污染(徐争启，2009)。由于攀枝花市建设之时正是我国百废待兴的发展时期，当时我国经济非常困难，矿山和炼铁厂的设计弃繁就简，除主体工程外，其他工程(如废气处理和防治等工程)建设严重滞后，为后期的环境建设和治理留下了隐患(徐争启，2009)。

攀枝花市开发初期的理念是"先生产，后生活"，环保措施缺失，城市布局也是根据资源分布进行沿江布局，导致工矿企业与城市混杂，工厂车间与生活区相互交织在一起，市区沿金沙江河谷形成一个条状城市带。由于排放源地处高山峡谷之中，加之逆温严重(逆温层厚、距地面低、逆温时间长)，不利的地形和气象条件使污染物难以扩散，并随着风向向其他片区蔓延，所以城市上空逆温层中滞留明显的污染带。住在海拔 1500m 处的大宝顶矿居民可以长年累月地观察到山下"雾"笼山城绵延数里的景观，特别是在秋冬季节，这种现象几乎整天可见，污染(主要是飘尘)十分严重(贺锡泉，1984)。而那个时候的攀枝花人都沉浸在鼓足干劲、多快好省的建设热潮中，环境污染被忽略了。

攀钢一期工程建成投产后，在开采、加工、生产和生活过程中，年排放废气总量达 429 亿标立方米，其中燃煤排出的占 51%左右，生产工艺产生的占 49%左右，随废气排出的烟尘、粉尘、二氧化硫、氮氧化物、一氧化碳、碳氢化合物等 10 多种污染物，共计 28 万吨左右。排放量最多的是攀钢，占 62%，其次是电力，占 21.8%。主要排污行业冶金、电力、水泥、煤炭四大行业占全市污染物总排放量的 94.9%。2000 年排放量为 799 亿标立方米，废气中污染物排放量为 10 万吨，工业废气污染源主要集中在黑色金属冶炼业、电力和建筑材料制品业，分别为 64.3%、19.9%、9.6%。与 1980 年相比，2000 年废气排放总量增加了 370 亿标立方米，增加率为 86.2%。

工业向大气排放的烟、粉尘每年有十几万吨，其中含有大量重金属的飘尘是攀枝花市的主要污染物。1979 年，许欧泳等(1984)利用富集系数法和元素比值法对攀枝花市飘尘中重金属的迁移能力的研究表明，Cu、Pb、Zn、Cd 向大气中迁移的能力最强，就区域分布特征来看，各片区飘尘中的重金属来自各自的母体，它们相互没有充分地混合，作者认为这是由研究区气象和地形条件所致。陈大飞(1985)对攀枝花不同片区空气质量与居民健康状况调查的研究表明，工业污染区儿童尿钒含量明显高于对照区，污染区儿童体重较轻与钒的负荷有关。李书隆等(1986)对攀钢不同生活区 385 名儿童尿钒的测定结果表明，污染区儿童尿钒含量明显高于对照区，而轻污染区与重污染区之间则无明显差异，这与各区大气中钒质量浓度的分布规律基本一致。说明大气钒污染对儿童尿钒有一定影响。李顺品等(2004)对攀枝花市各县(区)482 名儿童进行血铅、钒、钛水平的测定结果表明，儿童血铅中毒发生率为 62.28%，且市区(东区、西区)高于郊县(区)(盐边、米易、仁和)，3～6 岁儿童血铅、钒、钛水平均高于 1～2 岁儿童。

2004 年，李玉昌(2004)对攀枝花市环境地球化学的研究表明，攀枝花市弄弄坪、河门口等工矿活动集中分布区大气污染最严重，污染物主要为可吸入颗粒物，其次为 SO_2，酸雨发生的频率比较大；同年，原国家环保总局通报了全国十大空气污染城市，攀枝花市榜上有名；2005 年 6 月，攀枝花市被国家环保总局列为全国空气污染最严重的 10 个城市之一(http://news.sina.com.cn/c/2006-06-10/08309167991s.shtml)。谭德彪(2005)对攀枝花市的空气质量及污染因素进行的分析研究表明，从 1999 年开始攀枝花市的环境空气达标率呈逐年递减的趋势，颗粒物污染十分严重，尤其是大气可吸入颗粒物的污染问题日益凸显。冯银厂(2009)对攀枝花市 PM_{10} 中多环芳烃的污染特征及来源展开了研究，对攀枝花市 PM_{10} 的化学组成及源解析表明，燃煤飞灰、钢铁冶炼尘、汽车尾气和二次污染物是攀枝花市 PM_{10} 的主要来源。此外，钢铁冶炼过程也会产生各种有害气体，包括 SO_2、NO_2 和 CO 等。而 SO_2 和 NO_2 作为二次颗粒硫酸盐和硝酸盐的前体物更加助推了细颗粒物的污染，区域性的大气污染问题愈加明显，日益成为城市突出的生态环境问题之一。2001 年，攀枝花市采用国家环境保护办公厅统一规定，将大气常规

的 SO_2、NO_x、飘尘、降尘 4 个项目作为评价因子。

本书基于 2001～2017 年攀枝花市市辖区大气监测点的常规监测数据、2014 年 3 个采样点采集的大气可吸入颗粒物（$PM_{2.5}$ 和 PM_{10}）样品及 2018 年 10 月 1 日～2019 年 9 月 30 日的 PM_1 样品，分析攀枝花市空气质量的变化趋势及不同粒径颗粒物的地球化学特征，为当地大气环境污染治理与改善提供理论参考，为矿业城市的可持续发展提供参考依据。

上篇　攀枝花市环境空气质量变化趋势

　　研究矿业城市环境空气质量变化及其影响因素有利于改善空气质量恶化的现状，促进经济、生态协调发展。2014 年，全国两会政府工作报告突出了当前大气污染的紧迫性，指出我们要像对贫困宣战一样，坚决向污染宣战，要求出重拳强化污染防治。自"十一五"时期 SO_2 排放被纳入总量控制目标后，"十二五"时期环境保护工作重点强调了 NO_x 的总量控制及减排任务，"十三五"时期环境保护工作重点强调了碳排放的控制目标。2020 年我国首次向全球宣布，我国的二氧化碳排放要力争于 2030 年前达到峰值，努力争取在 2060 年前实现碳中和。碳中和、碳达峰将成为我国"十四五"污染防治攻坚战的主攻目标。因此，厘清黑色冶金矿山城市大气复合污染形成机制及影响因素，建成区域空气质量监测预警，关注健康影响，保护好矿山生态环境才能使人类社会发展进入良性循环轨道。

　　本篇以攀枝花市 2001～2017 年环境空气质量长期定点监测数据资料为依据，以 SO_2、NO_2、CO、O_3、PM_{10} 和 $PM_{2.5}$ 等污染物质量浓度为评价指标，分析攀枝花市空气质量时空分布特征，包括各项污染物的月、季节、年际变化特征及空间分布特征；同时利用多元线性回归模型与人工神经网络模型相结合，建立 $PM_{2.5}$ 的质量浓度预测模型，为环境空气质量的精细化管理提供基础数据。

第2章 攀枝花市空气质量变化趋势及影响因素

以煤为主要燃料的矿业城市，其大气环境中 SO_2、NO_2、CO 及大气可吸入颗粒物（PM_{10} 和 $PM_{2.5}$）总量均较高，严重影响了环境大气质量，危害人体健康。为了改善环境空气质量，防止生态破坏，创造清洁适宜的环境，保护人体健康，我国根据《中华人民共和国环境保护法》和《中华人民共和国大气污染防治法》制定了《环境空气质量标准》（GB 3095—2012）（表 2-1）。该标准收紧了 PM_{10} 和 NO_2 的限值，增加了 O_3 和 $PM_{2.5}$ 控制标准，同时还在附录中补充了环境空气中镉、汞、砷、六价铬和氟化物的参考质量浓度限值，以控制细颗粒物对人体健康、环境和气候等的危害。此外，该标准还规定了环境空气质量功能区划分、标准分级、主要污染物项目和这些污染物在各个级别下的质量浓度限值等，是评价空气质量的科学依据。

表 2-1　环境空气污染物基本项目质量浓度限值（GB 3095—2012）

序号	污染物项目	平均时间	质量浓度限值		WHO 质量浓度限值	单位
			一级	二级		
1	二氧化硫（SO_2）	年平均	20	60	—	$\mu g/m^3$
		24h 平均	50	150	20	
2	二氧化氮（NO_2）	年平均	40	40	40	$\mu g/m^3$
		24h 平均	80	80		
3	一氧化碳（CO）	年平均	4	4		mg/m^3
		24h 平均	10	10		
4	臭氧（O_3）	8h 平均	100	160		$\mu g/m^3$
		1h 平均	160	200		
5	PM_{10}	年平均	40	70		$\mu g/m^3$
		24h 平均	50	150		
6	$PM_{2.5}$	年平均	15	35		$\mu g/m^3$
		24h 平均	35	70		

攀枝花市的环境空气质量监测于 1971 年开始时设 9 个点,只测 SO_2 由市卫生防疫站实施。1982 年,全市优化为 4 个监测点(分别代表以重工业为主的弄弄坪片区,以能源、建材、冶金工业等为主的河门口片区,以行政、商贸、交通和居民等为主的炳草岗片区,以及清洁对照点仁和片区),监测项目为 SO_2、NO_x、TSP(total suspended particulate,总悬浮颗粒物)和 CO。2000 年开始,攀枝花市空气质量自动监测体系已覆盖 PM_{10}、SO_2、NO_2 和降尘 4 种常规污染物。2013 年,攀枝花市作为全国 113 个重点城市之一,执行国家颁布的《环境空气质量标准》(GB 3095—2012)(简称"新标准")。新标准更加注重监测环境空气中对人体有影响的污染物及其质量浓度限值,在原有 SO_2、NO_2、PM_{10} 这 3 项指标的基础上,增加了可入肺颗粒物($PM_{2.5}$)、臭氧(O_3)、一氧化碳(CO)这 3 项指标,且比"老三项"部分污染物限值更加严格,采用的标准也更加严格,监测指标增多、对空气质量判断的结果更为合理(http://www.sc.gov.cn/10462/10464/10465/10595/2013/1/21/10245386.shtml)。

大气污染物的时空分布特征分析是一项基础性研究工作。本章内容主要利用攀枝花市 2001~2017 年大气环境质量监测数据,分析近 17 年来 SO_2、NO_2、CO(2012~2014 年)、O_3(2014~2017 年)及 PM_{10} 和 $PM_{2.5}$ 的时空变化规律,结合同期气象资料(气象资料来源于攀枝花市气象局,包括每月的平均气温、湿度、风速、气压)讨论气象条件对污染物质量浓度的影响。运用新标准中的标准质量浓度限值(表 2-1)进行评价。根据新标准中环境空气功能区划分标准,攀枝花市属于二类功能区,因此使用二级评价标准,后面所涉及的评价均以此表为依据。

2.1 大气二氧化硫(SO_2)分布特征

大气 SO_2 是评价城市空气质量的一项重要指标,是空气污染因子中最重要的控制对象之一,是一种常见的刺激性污染物。大气中的 SO_2 主要来自煤、石油等化石燃料的燃烧。如果没有针对烟气进行相应的脱硫处理,那么必然会造成严重的 SO_2 的污染问题(Diao et al.,2016;Ma et al.,2012)。2008~2009 年我国 SO_2 排放量已占工业废气总排放量的 60%以上,所以控制 SO_2 成为控制废气的关键(刘睿劼和张智慧,2012)。程念亮等(2015)对 2000~2014 年北京市 SO_2 的时空分布的研究表明,2013 年北京市总 SO_2 排放量约为 8.7 万 t,电厂排放量约为 9900t,以 4 个燃煤热电厂为主。据 Tang 等(2019)估计,2010~2017 年,我国火力发电排放的 SO_2 占总排放量的 16%~39%。经相关调查和数据统计,我国 343 个城市中有超过 1/3 低于国家三级标准,属于重度污染(http://huanbao.bjx.com.cn/tech/20170309/155683.shtml)。张琦等(2020)对西部地区煤炭生产和消费在数量和空间

上对工业 SO_2 排放影响的研究表明，煤炭生产、消费与工业 SO_2 排放在历年数值和逐年增长率上呈正相关关系。

大气中 SO_2 质量浓度时空分布的变化会对环境和气候产生重大影响。大量研究表明，大气中的 SO_2 污染不仅会带来酸雨等环境问题，如果人体过量摄入，还可能引发过敏反应，出现呼吸困难、呕吐等症状。此外，SO_2 排放到大气中会形成酸雾或硫酸盐气溶胶，是城市大气细粒子的重要组成部分。同时，SO_2 也会导致酸雨酸化土壤，加速土壤中含铝的原生和次生矿物风化而释放大量铝离子，形成植物可吸收的铝化合物，导致植物中毒死亡。更为严重的是将土壤中的活性铝冲刷到水体中，给水生生物生长带来严重危害，生物分解作用减弱，直接影响系统中碳和营养盐的再循环，从而改变水体生态环境。酸雨污染对生态系统和人类生存环境造成了严重影响，已成为重要的国际环境问题。

攀枝花市的产业结构在能耗中以工业燃煤消耗为主，因而大气中硫氧化物的问题在攀枝花更为明显，SO_2 是最主要的工业废气之一。此外，攀枝花市大量的重型柴油运输车也是大气 SO_2 污染的重要来源。加之快速的城市化发展，机动车数量不断增加，由 SO_2 造成的区域复合型大气污染问题不容忽视，尤其是降水酸化问题已直接影响到攀枝花市的发展和生态环境的建设。2015 年 8 月四川省环境监测总站公布《四川省 2015 年 8 月城市降水质量状况》的报告表明，四川省酸雨发生频率为 20.4%，酸雨量占总雨量的比例为 14.7%，其中攀枝花酸雨发生频率最高，为 68.3%（https://www.sohu.com/a/32958316_114812）。攀枝花市大气降水酸化除受本地污染源影响外，还受地理环境、气候及碱性物质等因素的影响。降水中阴离子的主要成分是硫酸根、硝酸根和氯离子，其中硫酸根是降水酸化的主要离子。攀枝花市降水属硫酸型，反映了攀枝花市以冶金、能源、建材为主的高耗能重工业排污对降水酸度的贡献，是攀枝花市酸雨污染的重要特征之一。实际上，在大气成分观测的早期阶段，硫氧化物的观测便是重点之一。研究攀枝花市 SO_2 年均质量浓度的时间和空间分布特性，了解其时空分布规律，对于重点区域大气污染防治规划的落实和 SO_2 污染防治具有一定的参考意义。

2.1.1　SO_2 时空分布特征

1. 年际变化特征

2001～2017 年攀枝花市 SO_2 的年平均质量浓度分布如图 2-1 所示，长时间尺度上 SO_2 质量浓度变化呈现出显著的先上升、后下降的变化趋势。自 2002 年开始，SO_2 质量浓度呈逐年增加趋势，2002～2005 年增幅相对较缓，2006 年开始显著增加，2010 年达到年均最大质量浓度值为 77μg/m³，此后连续两年维持 70μg/m³ 的年均质量浓度，这一增长过程与当时我国快速的经济发展密切相关。自 2004 年，国家环保总局通报了全国十大空气污染城市，攀枝花市榜上有名。2002 年，我国开始新一轮的重工业化，主要依赖于一批新的高增长产业带动，其中处在"龙头"位置上的是房地产、汽车、电子通信和基础设施建设等行业。而这些行业又拉动了一批中间投资品性质的行业，主要是钢铁、有色金属、建材、化工等。以上两个方面同时带动拉动了电力、煤炭、石油等能源行业的增长。上述现象表明，自2002 年开始我国经济正在进入重工业发挥特殊重要作用的阶段(https://wenku.baidu.com/view/7184785aa4e9856a561252d380eb6294dc882269.html)。2005～2016年，我国的煤炭消费量增长了将近一半，发电量翻了一倍以上(肖钟湧等，2018)。在城市化进程快速发展和工业活动增加的背景下，攀枝花市紧随国家快速发展的步伐，攀钢年产量在 2011～2014 年实现了"四级跳"，由此也带来了严重的环境空气污染问题。2010 年，我国大多数地级以上城市 SO_2 年均质量浓度为 20～60$\mu g/m^3$(卢亚灵等，2012)，而 2010 年前后攀枝花市 SO_2 年均质量浓度均超过70$\mu g/m^3$，属污染严重地区。与 2001 年相比，2007～2014 年 SO_2 年均质量浓度升高了 79%～126%。与我国现行《环境空气质量标准》(GB 3095—2012)中 SO_2 的年均质量浓度限值 60$\mu g/m^3$ 比较，自 2006～2014 年，攀枝花市大气 SO_2 年均质量浓度均超过国家规定的剂量质量浓度限值。

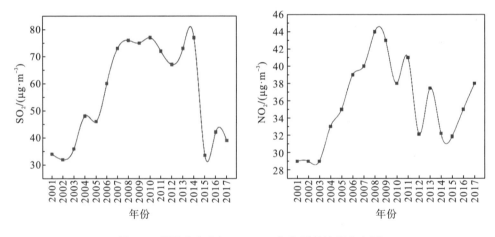

图 2-1　攀枝花市大气 SO_2/NO_2 年均质量浓度分布图

从 2015 年开始，攀枝花市 SO_2 年均质量浓度表现出降低的转折，而且降低趋势较为明显。这主要是由于 2015 年国家从战略高度提出要把长江生态环境保护放到重要位置，战略定位为"生态文明建设先行示范带"。而攀枝花市作为长江上游的第一座大型重工业城市，是长江经济带上的重点资源保护开发区和生态环境建设区，其社会、经济、环境的可持续发展对长江经济带的发展意义重大，其生态环境问题已成为政府和学术界共同关注的热点和焦点。大气污染防治是生态文明建设的重大任务。攀枝花市地方政府和环保部门高度重视，响应国家政策，强化环境管理力度，加大了对 SO_2 治理的投入，以改善大气环境质量和保障人民群众身体健康为目的，大力实施"蓝天行动"计划，针对燃煤、扬尘、机动车尾气、工业等造成大气污染的主要原因制定出台有针对性的政策措施，加快经济发展方式转变，优化区域产业结构，加大落后产能淘汰，严格环境准入，全面实施污染治理，持续改善环境质量，推动区域经济社会与环境质量协调发展。同时，这也与城市综合整治力度的加大，环境建设和环境管理工作的不断深入，科学有效的治理措施密不可分。据了解，"十二五"以来，攀枝花市坚持以生态文明建设为统领，以国家环保模范城市创建为驱动，以"巩固和改善环境质量、支持和保障科学发展、防范和控制环境风险"为目标，切实加大污染治理力度，从严监管环境行为。5 年来，全市共投入 40 多亿元，大力开展大宗物料运输转变和工业扬尘污染综合整治，对钢铁冶金、球团、火力发电、水泥生产、钛白粉等行业的 730 多个工业污染源和区域环境进行了综合整治和生态治理，加快了环境基础设施建设、农村环境连片整治等生态环境综合整治的步伐，2015 年攀枝花市空气质量实现历史性突破(https://pzh.scol.com.cn/sdxw/201601/54261006.html)，SO_2 年均质量浓度降低到 $34\mu g/m^3$。近几年，攀枝花市 SO_2 排放量有所减少，但其对环境的威胁仍不容忽视。

2. 季节变化趋势

受气象条件、化学过程和人为排放的季节性影响，攀枝花地区 SO_2 质量浓度的季节变化差异明显，整体呈现两头高、中间低的 U 字形分布(图 2-2)，即全年月份中冬季月份(12 月至次年 2 月)＞春季(3~5 月)＞秋季(9~11 月)＞夏季(6~8 月)的特征。冬春季是 SO_2 污染最严重的季节，这主要与攀枝花市特殊的气候、气象因素和地形有关，是地形地貌、气象条件、污染源排放规律等诸多因素共同影响的结果(王志国等，2003)。就攀枝花市气象条件而言，冬季极易形成逆温，且持续时间很长，约从每日的 18 时至次日 12 时，12 时以后气温逐渐升高，逆温才逐步缓解。所以，冬季(旱季)河谷的空气污染状况十分严重(谭德彪，2005)。雨季(6~9 月)降水量占年降水量的 90%左右，由于雨水冲刷作用，污染最轻。同样的分布趋势在北京(吉东生等，2009)、天津(赵文吉等，2020)、重庆(高月等，2018)、沈阳(陈宗娇等，2018)等地也有报道。李景鑫等(2017)对 2013~2014 年我国大气污染物的时空分布特征及 SO_2 质量浓度季节变化特征的研究结果也表明，SO_2 全国平均质量浓度的季节变化显著，冬季质量浓度最高。

春季和秋季 SO_2 质量浓度波动较小，在质量浓度最高的冬季和最低的夏季，SO_2 质量浓度波动较大。在 6 月，SO_2 质量浓度波动较大，变异系数为 0.098；而在 3 月和 10 月 SO_2 质量浓度波动比较小，较为稳定，变异系数分别约为 0.056 和

0.052，主要原因是此时大气状况比较稳定，受高压天气系统控制，常出现天高云淡的天气现象，而且湿度较低，温度较高，不需要燃煤取暖，人为活动排放的 SO_2 较少。

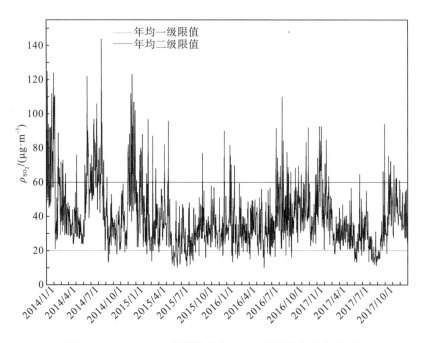

图 2-2　2014～2017 年攀枝花市 SO_2 质量浓度变化曲线图

3. 逐月变化趋势

图 2-3 显示了攀枝花市大气 SO_2 质量浓度的月变化特征。SO_2 月均质量浓度变化显著，呈 V 字形分布，最小值多出现在 6 月和 7 月，多年平均值分别约为 $42\mu g/m^3$ 和 $46\mu g/m^3$；最大值分别出现在 12 月或次年 1 月，多年平均值分别约为 $79\mu g/m^3$ 和 $89\mu g/m^3$。12 月和 1 月具有高质量浓度的原因一方面可能是冬季工业活动比较多，燃烧排放的 SO_2 质量浓度较高，而另一方面也可能与冬季的气象条件有关，如 12 月和 1 月的气象条件(如光照和温度)不利于 SO_2 的化学转化，以及气粒转换(SO_2 易被氧化，转化为硫酸盐颗粒)的转换率受低温低湿的抑制，SO_2 污染物可以长时间留存在大气中。7 月具有低质量浓度的原因除人为排放减少外，降水也是主要的影响因素，6～9 月是攀枝花地区的雨季，而降水对 SO_2 的清除作用非常明显。此外，由于 7 月大气湿度和温度相对较高，气粒转换率较高，SO_2 可最大限度地转化成硫酸盐气溶胶，在大气中的存留时间相对较短，这也在很大程度上减少了近地面 SO_2 质量浓度。谢郁宁(2017)利用拉格朗日模式模拟长江三角洲西部地区 SO_2 质量浓度与硫转化率随季节变化特征的结果也

表明，硫转化率在 5 月和 6 月的均值为全年最高，因此硫酸盐在初夏季节出现质量浓度峰值。

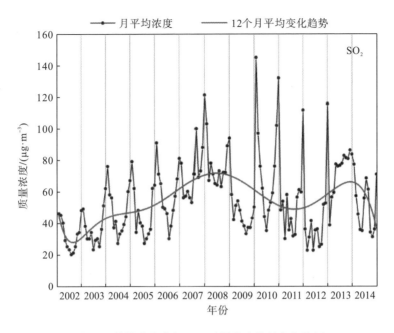

图 2-3　攀枝花市大气 SO_2 质量浓度的月变化特征

4. 日变化趋势

攀枝花市大气中 SO_2 小时质量浓度具有明显的 24h 日变化特征(图 2-4)。春、夏、冬季基本呈相同的变化趋势：8:00～12:00 上升、12:00 开始下降，然后又有小幅度上升的趋势，20:00～0:00 趋于稳定；四季日变化幅度最高的是冬季，白天峰值高于夜晚峰值。随着太阳升起，人类活动加强，SO_2 的排放源逐渐增多。同时，大气混合层厚度变高，容纳污染物的空间增大，大气中的 SO_2 逐渐积累，至 12:00 左右达到最大值；随着光照强度继续加强，地表温度较高，SO_2 分子运动加剧，对流层运动继续加强，有利于大气中污染物的扩散。春季在 16:00 左右 SO_2 质量浓度达到最低；17:00 以后地表温度下降，大气扩散能力逐渐减弱，同时进入下班高峰期，SO_2 在地表得到小幅度积累，到 19:00 又一次进入第二次高峰。春、冬季夜晚地表温度较低，容易形成逆温，不利于污染物向高空扩散，至次日 9:00 左右大气中的 SO_2 质量浓度趋于稳定，而夏季发生逆温的频率相对较低，有利于污染物的扩散，至次日 7:00 左右质量浓度达到最低。

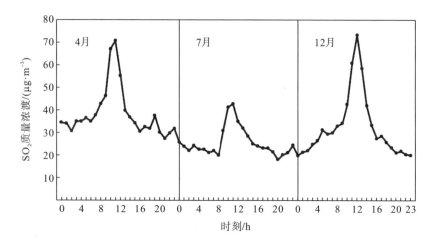

图 2-4 攀枝花市大气中 SO_2 小时质量浓度日变化特征

5. 空间分布特征

攀枝花市的城市布局根据资源、地形、用地条件和工业企业的协作关系,在金沙江南北两岸由西向东布置了功能不同、规模不等、相互联系的 8 个片区。弄弄坪片区是钢铁钒钛冶炼、加工的主要区域,同时还有焦化、提钒、耐火材料的生产, 是典型的钢铁工业生产区;河门口片区则是能源、建材、冶金等集中的另一个工业区。两个片区都是工业集中的地区,全市大气污染物的排放也相对集中在这两个片区,而当这两个片区污染物排放总量一定时,污染因素就只由气象因素和地形条件决定。炳草岗测点位于市中区,受汽车尾气及建筑施工扬尘的影响明显。仁和测点位于城乡接合部,属于规划居住区,区域内无明显污染源。

攀枝花市污染物排放的区域分布与工业分布有着极其密切的关系。由 2001~2017年攀枝花市区各功能区的大气 SO_2 质量浓度监测结果(图 2-5 中仅选取了 2007~2009 年的监测结果)可知,SO_2 质量浓度 16 年平均质量浓度污染严重的高值区主要出现在河门口综合工业区,其次是攀钢冶炼区、炳草岗商业居民区、仁和农业居民区。最大的 SO_2 年均质量浓度可达 $102\mu g/m^3$ 以上,最小的 SO_2 年均质量浓度为 $33\mu g/m^3$。由于不同片区的经济发展和人为活动特点不一致,所以 SO_2 在空间分布上呈现明显的空间分异特征(图 2-5)。这一方面与 SO_2 排放总量有关,另一方面还与攀枝花市特殊的气候、气象因素和地形有关。弄弄坪的高值区已经沿金沙江扩散到炳草岗。已有研究表明,攀枝花市下垫面的类型直接影响污染物的输送、湍流扩散和干沉积过程。当吹山风时,污染物不易扩散,当吹谷风时,污染物将沿金沙江河谷顺江输送和扩散,形成长长的污染带,炳草岗等主城区是最接近攀钢弄弄坪主厂区下风向的居住区域,污染物对该区大气环境造成较大影响,而这些地区均人口密集,并集政治、经济、文化、科技、商贸、金融等职能于一体。

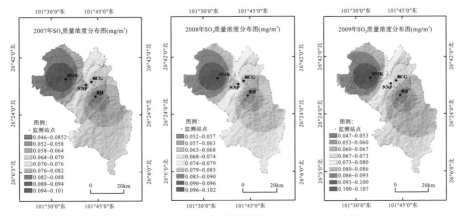

图 2-5 2007～2009 年攀枝花市 SO_2 空间分布特征

注：本书图中攀枝花仅指攀枝花市市辖区

不同站点 SO_2 质量浓度的相关性分析结果（表 2-2）也表明，弄弄坪片区 SO_2 质量浓度和炳草岗 SO_2 质量浓度具有高度的相关性，说明这两个站点的 SO_2 具有同源性；同样的分析结果也表明，弄弄坪的 SO_2 也影响了仁和农业居民区。受地形和气象因素的影响，河门口高值区对炳草岗和仁和区的影响较小。

表 2-2 攀枝花市各站点 SO_2 质量浓度

站点	NNP	HMK	BCG	RH
NNP	1	0.170	0.696**	0.455**
HMK	0.030	1	0.170	0.303
BCG	0.696**	0.170	1	0.588**
RH	0.455**	0.303	0.588**	1

**：表示相关性在 ±0.01 上显著相关（双尾）。

RH：relative humidity，相对湿度。

2.1.2 SO_2 与气象条件的关系

污染物对大气的污染程度取决于大气本身的稀释扩散能力，特别是对山区矿业城市。大量研究表明，SO_2 污染及质量浓度变化与气象条件（如温度、湿度、风速、风向等）的关系甚为密切。在不同的气象条件下，同等量的 SO_2 所造成的近地面空气污染质量浓度可相差几倍到几十倍。佘峰（2011）的研究表明，大气 SO_2 质量浓度与平均风速、温度和相对湿度呈负相关关系。刘亚梦（2014）研究认为，大气 SO_2 质量浓度与平均气温之间存在显著的相关关系，与气温呈负相关关系，且与日最低温度的相关性最强，而与相对湿度和平均风速均无显著的相关关系。向迎春等(2014)对重庆万州 SO_2 质量浓度和气象条件关系的分析结果表明，SO_2 质量浓度与 6 个气象因子中的 4 个存在显著的相关关系，其中与降水量、风速、气温呈显著的负相关关系，而与气压呈显著的正相关关系。

通过分析2014~2017年攀枝花市常规监测的SO_2日均质量浓度与同期气象观测资料(平均气温、平均风速、相对湿度和最大风速的风向)的相关关系，探讨 SO_2 质量浓度与气象条件的关系，我们发现如下规律。

SO_2 质量浓度与气温呈显著的负相关关系(图 2-6)，计算相关系数为-0.29(相关系数均通过 0.01 的显著性检验)，说明随着温度升高，SO_2 的质量浓度降低。由图 2-7 可知，当气温高于 30℃时，SO_2 平均质量浓度小于 30μg/m³，且无超标情况出现。在季节方面表现出冬季＞秋季＞春季＞夏季的分布趋势。

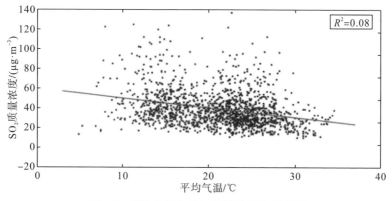

图 2-6　平均气温与 SO_2 质量浓度的相关图

随着相对湿度的增加，SO_2 的质量浓度增加较少(图 2-8)，这可能是由于空气湿度较大，在大气中出现一个逆温层，阻碍了大气循环，进而阻碍 SO_2 的扩散，所以大气中 SO_2 质量浓度增加。但这种作用带来的影响较小，具有一定的局限性，两者之间的相关性并不明显。

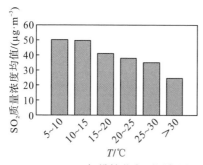

图 2-7　2014~2017 年攀枝花市不同气温下 SO_2 质量浓度均值变化

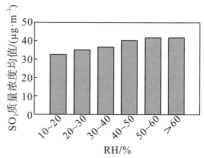

图 2-8　2014~2017 年攀枝花市不同相湿度下 SO_2 质量浓度均值变化

　　由图 2-9 可见，当相对湿度高于 50％时，SO_2 质量浓度超过 40μg/m³，最大平均质量浓度出现于相对湿度为 50%～60％时，达到 41.8μg/m³。冬季气温较低，相对湿度较高，在日光较弱的条件下，较容易发生硫酸型烟雾污染。而夏季晴天较多，气温较高，相对湿度较低，SO_2 转化途径以光化学氧化为主，经一系列化学转化后，最终形成硫酸或硫酸盐，并以干湿沉降方式降落到地面，所以夏季大气中 SO_2 质量浓度下降。

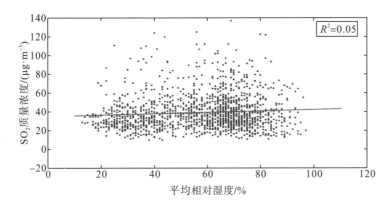

图 2-9　平均相对湿度与 SO_2 质量浓度的相关图

　　如图 2-10 所示，SO_2 质量浓度与平均风速呈弱的负相关关系。一般情况下，在大气边界层中，风速随高度增加而逐渐增大，随着风速的增大，SO_2 的水平扩散作用加强，SO_2 质量浓度得到稀释，SO_2 质量浓度下降。同时，大气垂直对流加强，对流层顶部高质量浓度的 SO_2 向下传输，SO_2 质量浓度下降，但水平扩散作用带来的影响更大。

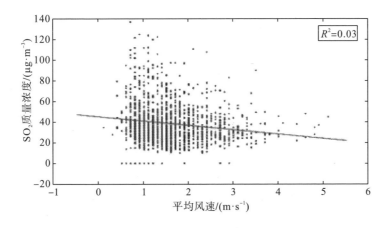

图 2-10　平均风速与 SO_2 质量浓度的相关图

　　由图 2-11 可见，当风速不超过 4m/s 时，SO_2 质量浓度随风速的增大呈明显下降的趋势，且当风速为 0～3m/s 时，SO_2 质量浓度随着风速的增大变化较大，这种趋势在风速超过 3m/s 时不再延续，攀枝花市所处位置全年整体风速春季＞夏季＞秋季＞冬季，冬季风速较小，污染物不易水平迁移，从而造成污染物质量浓度增加，所以冬季 SO_2 质量浓度具有较高值。而且风速越大，大气中污染物的抬升高度就越低，这反而会增加污染物的地面质量浓度。

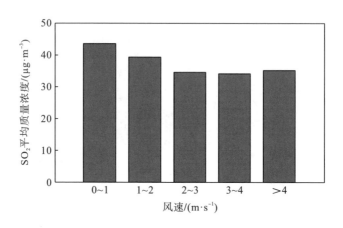

图 2-11　2014～2017 攀枝花市不同风速下 SO_2 质量浓度均值变化

　　为了进一步分析 SO_2 质量浓度变化的过程，对 SO_2 质量浓度随风速与风向的季节性变化进行了进一步分析。由表 2-3 和图 2-12 可知，春季盛行风向为偏西风和偏东风，出现频率最高为 WSW 方向风，占 40.0%，夏季盛行风向为东南风、西南风和偏东风，出现频率为 11.7%～24.5%，秋、冬季则盛行偏东风和东南风，出现频率为 9.1%～24.7%。夏季在东南风和偏南风方向，风速为 1～2.4m/s时，SO_2 表现出较低质量浓度，ENE-ESE 方位在不同季节风向的出现频率均较高，夏季基本处于 $60\mu g/m^3$ 以下，而冬季不同方位的 SO_2 质量浓度均明显高于其他季节。

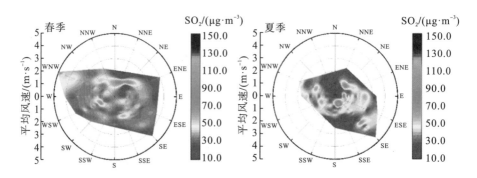

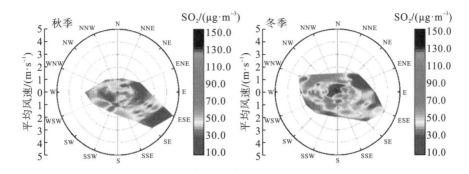

图 2-12 2014～2017 年攀枝花市四季风向风速变化与 SO_2 质量浓度分布图

表 2-3 攀枝花市 SO_2 随季节变化的风向频率

季节	风向							
	N	NNE	NE	ENE	E	ESE	SE	SSE
春季	0.8%	0.8%	2.2%	9.2%	12.8%	11.7%	2.4%	1.9%
夏季	1.9%	1.4%	4.1%	11.7%	20.1%	24.5%	3.5%	4.3%
秋季	2.5%	2.2%	5.2%	13.2%	23.9%	29.4%	4.7%	2.7%
冬季	2.8%	3.9%	4.2%	9.1%	24.7%	21.6%	4.2%	2.5%

季节	风向							
	S	SSW	SW	WSW	W	WNW	NW	NNW
春季	0.8%	1.6%	1.5%	40.0%	12.6%	1.1%	0.3%	0.3%
夏季	3.0%	0.8%	2.2%	13.6%	7.6%	1.1%	0.3%	0
秋季	3.8%	0.5%	0.3%	7.4%	3.3%	0.5%	0	0.3%
冬季	5.0%	3.3%	3.0%	12.2%	3.6%	0	0	0

2.1.3 SO_2 排放源

据攀枝花市环境状况公报公布的数据显示，2013 年全市废气污染物中 SO_2 排放总量为 106837.2t。其中，工业废气中 SO_2 排放量为 106255.7t，占 SO_2 排放总量的 99.4%；生活 SO_2 排放量为 581.4t，占 SO_2 排放总量的 0.54%。2014 年全市废气污染物中 SO_2 排放总量为 107642.71t。其中，工业废气中 SO_2 排放量为 107066.41t，占 SO_2 排放总量的 99.46%；生活 SO_2 排放量为 576.3t，占 SO_2 排放总量的 0.54%。2015 年全市废气污染物中 SO_2 排放总量为 82803t。其中，工业废气中 SO_2 排放量为 82126t，占 SO_2 排放总量的 99.18%；生活 SO_2 排放量为 676t，占 SO_2 排放总量的 0.82%。2016 年全市废气污染物中 SO_2 排放总量为 52112.76t。其中，工业废气中 SO_2 排放量为 51305.94t，占 SO_2 排放总量的 98.45%；生活 SO_2 排放量为 806.82t，占 SO_2 排放总量的 1.55%。2017 年全市废气污染物中 SO_2 排放总量为 48421.2191t。其中，工业废气中 SO_2 排放量为 47597.0141t，占 SO_2 排放总量的 98.29%；生活 SO_2 排放量为 814.98t，占 SO_2 排放总量的 1.68%。2018 年全市废气污染物中 SO_2 排放总量为 45718.5437t，其中，工业废气中 SO_2 排放量为 44895.3467t，占 SO_2 排放总量的 98.19%；生活 SO_2 排放量为 822.12t，占 SO_2 排放总量为的 1.79%。2019 年全市废气污染物中 SO_2 排放总量为 45637.1235t。其中，工业废气中 SO_2 排放量为 44827.8445t，占 SO_2 排放总量的 98.23%；生活 SO_2 排放量为 808.86t，占 SO_2 排放总量的 1.77%。不难发现，随着先进工艺设备的使用和污染治理的推进，攀枝花市的环境质量得到了持续改善。

2.2 大气二氧化氮(NO_2)分布特征

大气中的二氧化氮(NO_2)是活性的、寿命较短的痕量气体(Stone et al., 2014)，主要源于自然和人为排放。随着社会的发展，人为排放已经成为主体，其中 95% 的 NO_2 排放来自交通尾气排放(黄婧和郭新彪，2014)与工业燃煤的烟气排放(韦英英等，2018)。大气中 NO_2 质量浓度的不断升高对生态环境和人体健康具有很大的危害(肖钟湧等，2011)，且在全球气候变化中扮演着重要角色，是引起区域复合型大气污染的主要因素(薛文博等，2015)。因此，NO_2 减排控制和 NO_2 质量改善是目前环境领域的焦点和难点之一，已引起了社会各界的高度关注。

NO_2 是衡量人为大气污染的一个重要风向标，是我国及欧美等国家环保部门监测的主要大气污染物之一。已有研究证实，地区产业及能源结构在很大程度上决定了地区的 NO_x 污染来源，进而影响区域的 NO_2 污染状况(周春艳等，2016)。本部分内容以攀枝花市 2001～2017 年 4 个站点的日均 NO_2 监测数据为基础，综合 ArcGIS 空间分析和统计分析，从年度、季节、月份、日变化 4 个时间尺度比较归纳了 NO_2 的时空演化特征，并探讨其污染空间差异。此外，还利用环境质量报告书公布的数据，探讨了攀枝花市大气 NO_x 的变化规律及其来源影响。

2.2.1 NO_2 时空分布特征

1. 年际变化趋势

根据攀枝花市 2001～2017 年 NO_2 年均质量浓度变化图(图 2-13)可知，NO_2 年均质量浓度呈先上升、后下降的趋势。2001～2008 年 NO_2 年均质量浓度逐年上升，且上升趋势比较显著，从 29.00μg/m^3 上升到 44.00μg/m^3，与同期 SO_2 的变化趋势一致，这可能主要与当时高强度的工业活动排放有关；而后在 2009～2011 年 NO_2 排放均维持较高水平，年均值均大于 40.00μg/m^3。该结果与刁贝娣等(2016)对 2004～2013 年我国 274 个地级及以上城市 NO_2 排放量的时序演化结果一致，

我国城市 NO_2 质量浓度年均值由 2004 年的 $32.13\mu g/m^3$ 升至 2013 年最高的 $34.01\mu g/m^3$；达标城市则由 78.1%(214 个)降至 2013 年最低值 73.0%(200 个)，污染区主要集中在数量相对较少的部分工业和城市化发展快速的发达区域。

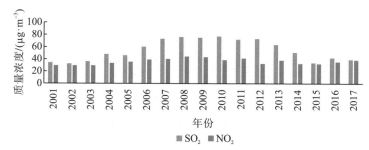

图 2-13　攀枝花市大气 SO_2 和 NO_2 质量浓度年际变化图

2012 年，攀枝花市 NO_2 年均质量浓度呈下降趋势，但下降趋势比较平缓，至 2017 年其年均质量浓度下降至 $35.00\mu g/m^3$，这可能与"十二五"后国家对 NO_2 减排的控制政策有关。我国在"十二五"时期开始将 NO_x 分重点区域、重点行业(电力、水泥、钢铁)减排控制纳入总量控制的约束指标体系中，并在"十三五"环保规划中继续强调 NO_x 排放总量控制在 1574t 以内(姚尧等，2017)。受严格环境规制手段的影响，攀枝花市 NO_2 年均质量浓度呈降低趋势，工业结构调整的减排效应开始显现。而同时，机动车尾气源的 NO_x 排放量及所占比重开始逐渐增加，这是促使攀枝花目前 NO_2 高质量浓度污染的一个重要因素。

与我国现行环境空气质量标准(GB 3095—2012)中 NO_2 的年均质量浓度限值 $40\mu g/m^3$ 比较，2007 年、2008 年、2009 年和 2011 年攀枝花市 NO_2 年均质量浓度均超过国家规定的剂量质量浓度限值，同时也高于世界卫生组织制定的《全球空气质量指导值》中规定的 NO_2 年均质量浓度限值 $40\mu g/m^3$，其他年份均低于或接近标准规定的剂量质量浓度限值。

2. 季节变化趋势

受气象因素的影响，攀枝花市大气 NO_2 质量浓度呈现出明显的季节变化。由 NO_2 质量浓度的季节变化(图 2-14)可知，2001～2014 年 NO_2 质量浓度的季节变化趋于一致，大多都表现为冬春季高、夏季相对较低的分布特征，每年春季到夏季质量浓度逐渐降低，下降至 4 个季节中的最低值，其中 2001 年、2013 年的下降幅度较小，2008 年、2010 年的下降幅度较大，秋季 NO_2 质量浓度又出现不同程度的上升，冬季达到 4 个季节的最高值。2007 年、2008 年、2009 年、2010 年和 2011 年上升趋势较其他年份明显。尤其是 2011 年，秋季 NO_2 的平均质量浓度为 $32.00\mu g/m^3$，而冬季高达 $60.00\mu g/m^3$，增长了约 50%，而 2013 年秋季的平均质量浓度($51.00\mu g/m^3$)则高于冬季。

在污染源排放强度固定不变的前提条件下，气候成为影响大气污染物质量浓度水平的主要因素。6 月和 7 月(夏季)是攀枝花市雨水最集中的季节，而雨水对大气污染物具有明显的清除作用。此外，由于 6 月和 7 月的温度高，太阳辐射强，大气对流活动频繁，因此有利于大气污染物的扩散和输送。

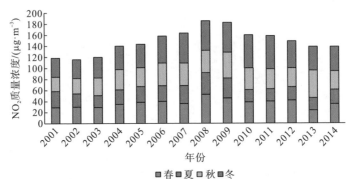

图 2-14　2001～2014 年攀枝花市 NO_2 质量浓度的季节平均柱状图

3. 月变化趋势

根据攀枝花市 2002～2014 年 NO_2 质量浓度逐月均值变化曲线(图 2-15)可知，NO_2 质量浓度的月均值也表现为先减后增的周期性变化。2002～2014 年 NO_2 质量浓度月均值变化较为一致，高值区出现在 12 月～次年 1 月，低值区出现在 5～7 月，2010 年 1 月和 2011 年 1 月质量浓度达到 12 年最大值($70.00\mu g/m^3$)，2002～2011 年 NO_2 月均值质量浓度最高值逐年上升，2013 年 NO_2 质量浓度月均值又下降至 $26.00\mu g/m^3$，2014 年 NO_2 质量浓度月均值又上升至 $45.00\mu g/m^3$。

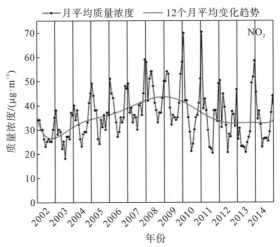

图 2-15　2002～2014 年 NO_2 质量浓度月均值变化曲线图

4. 日变化趋势

由图 2-16 可以看出，4 月、7 月和 12 月 NO_2 的 24h 质量浓度变化趋势较为一致，均呈双峰形分布。4 月，NO_2 质量浓度在 5:00 左右逐渐增加，9:00 左右出现第一个峰值，之后持续下降，16:00 左右达到最小值，17:00 左右又逐渐增加，直至 24:00 达到平衡；7 月，NO_2 质量浓度在 6:00 左右逐渐增加出现小峰值，10:00 左右出现第一个峰值，之后持续下降，16:00 左右达到最小值，17:00 左右又逐渐增加，直至 24:00 达到平衡；12 月，NO_2 质量浓度在 7:00 左右逐渐增加，12:00 左右出现第一个峰值，之后持续下降，16:00 左右达到最小值，17:00 左右又逐渐增加，20:00 出现第二个峰值，之后开始下降，直至 24:00 达到平衡。

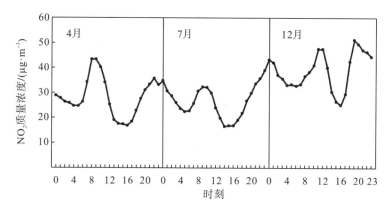

图 2-16　攀枝花市 4 月、7 月、12 月 NO_2 质量浓度 24h 变化图

根据攀枝花市日出日落时刻表可知，攀枝花市 4 月日出时间在 6:40 左右，日中时间在 13:10 左右，日落时间在 19:40 左右；7 月日出时间在 7:35 左右，日中时间在 14:19，日落时间在 21:03 左右；12 月日出时间在 7:55 左右，日中时间在 13:09 左右，日落时间在 18:23 左右。由此可知，攀枝花市大气 NO_2 质量浓度 24h 变化趋势与气象条件和人为活动密切相关。4 月是攀枝花市的旱季，白天月平均气温高达 32℃，夜间月平均气温达 18℃，日出后，各工矿企业的高架源排放与交通运输活动加强，9:00 左右 NO_2 质量浓度出现第一个峰值，随后地面温度不断增加，大气不稳定，对 NO_2 的稀释扩散和水平输送作用增强，所以低层大气 NO_2 质量浓度降低。另外，这也可能和此时段 NO_2 向亚硝酸(HNO_2)的转化有关，在 16:00 左右出现谷值，17:00 以后地面温度迅速降低，NO_2 残留层迅速向地面传输。夜间由于太阳辐射的消失，NO_2 的光解反应停止，边界层下降、晚高峰排放的累积造成夜间 NO_2 质量浓度的高值(徐鹏等，2014)。7 月和 12 月由于日出和日落时间的差异，峰值和谷值出现的时间不同，但分布趋势一致。

5. 空间分布特征

基于 ArcGIS 软件的空间插值分析功能，选取攀枝花市 2006 年、2007 年、2008 年、2009 年和 2010 年 4 个监测站点的 NO₂ 质量浓度年均值数据，并绘制出对应年份 NO₂ 质量浓度的空间可视化质量浓度分布演化图（图 2-17）。从空间分布特征来看，NO₂ 质量浓度均为炳草岗、仁和区最低，这与前人的研究结果一致（谭德彪，2005）。炳草岗片区功能区划属于居民区，区域内并无明显的污染源分布，连续 5 年出现高质量浓度的 NO₂ 主要与攀枝花市特殊的气候、气象和地形地貌等因素有关。由于炳草岗片区位于弄弄坪主厂区东面，该片区测点位置（市政府附近）距弄弄坪主厂区 3～4km，这个距离处在高架源输送污染物的峰值质量浓度范围之内，受环太平洋西风带的影响，攀枝花市常年盛行西风和偏西风，除风季外，风速都很小，尤其是冬季，一般只是微风，弄弄坪厂区排放的污染物由于微风风力的输送作用，高架源污染较远的炳草岗片区，低架源和面源污染弄弄坪周围的居民区，这就是作为行政、商贸区的炳草岗片区空气污染与作为重工业区的弄弄坪相当，甚至更加严重的主要原因（谭德彪，2005）。而仁和区属于农业种植区和居民区，历来是攀枝花空气质量最好的区域。

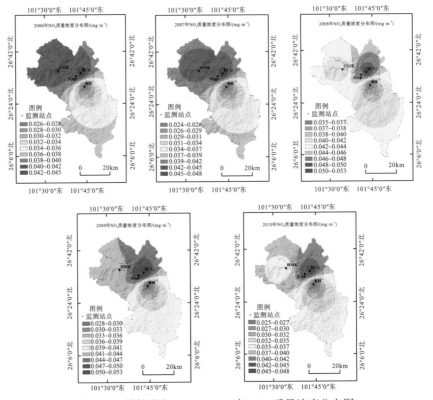

图 2-16　攀枝花市 2006～2010 年 NO₂ 质量浓度分布图

通过相关性分析进一步分析不同站点 NO_2 质量浓度(表2-4~表2-6)之间的相关性。结果表明,炳草岗和仁和区 NO_2 质量浓度与弄弄坪 NO_2 质量浓度之间呈显著的正相关关系,说明其具有同源性。同时,也发现炳草岗和仁和区 NO_2 质量浓度与河门口 NO_2 质量浓度之间呈弱相关关系,说明河门口重污染区对炳草岗和仁和区的影响较小,究其原因主要是受地形因素的影响。攀枝花市以金沙江海拔为1000m 计,河谷两边的山脊一般都有 2000~3000m 高,河门口片区冬季逆温层较厚,平均厚度约为 550m,最大厚度约为 700m,因此形成的逆温层高度并没有超过两岸的山脊,加之该片区的特殊地形,冬季风速小,静风频率高,夜间排放到逆温层内的污染物不易稀释和扩散,大量聚集在河谷内,从而更加重了该片区的空气污染(谭德彪,2005)。

表 2-4　2015 年攀枝花市各站点 NO_2 质量浓度

站点	NNP	BCG	RH	HMK
NNP	1	0.648	0.662	0.408
BCG	0.648	1	0.718	0.385
RH	0.663	0.718	1	0.520
HMK	0.408	0.385	0.520	1

表 2-5　2016 年攀枝花市各站点 NO_2 质量浓度

站点	NNP	BCG	RH	HMK
NNP	1	0.657**	0.668**	0.368**
BCG	0.657**	1	0.769**	0.451**
RH	0.668**	0.769**	1	0.457**
HMK	0.368**	0.451**	0.457**	1

表 2-6　2017 年攀枝花市各站点 NO_2 质量浓度

站点	NNP	BCG	RH	HMK
NNP	1	0.835	0.723	0.412
BCG		1	0.759	0.430
RH	0.723	0.759	1	0.437
HMK	0.412	0.430	0.437	1

2.2.2　NO_2 主要排放源

攀枝花市能源结构以煤为主,清洁化利用水平偏低,煤烟型污染特征明显,工业源是当地 NO_x 排放减排的重点。攀枝花市生态环境状况公报数据显示,2013

年全市废气污染物中氮氧化物排放总量为 35423.2t。其中，工业废气中氮氧化物排放量为 28565.8t，占氮氧化物排放总量的 80.6%；生活氮氧化物排放量为 114t，占氮氧化物排放总量的 0.32%；机动车废气中氮氧化物排放量为 6742.1t，占氮氧化物排放总量的 19%。2014 年全市废气污染物中氮氧化物排放总量为 34557.99t。其中，工业废气中氮氧化物排放量为 27897.28t，占氮氧化物排放总量的 80.73%；生活氮氧化物排放量为 146.9t，占氮氧化物排放总量的 0.43%；机动车废气中氮氧化物排放量为 6513.81t，占氮氧化物排放总量的 18.84%。2015 年全市废气氮氧化物排放总量为 29639t。其中，工业废气中氮氧化物排放量为 23395t，占氮氧化物排放总量的 78.93%；生活氮氧化物排放量为 202t，占氮氧化物排放总量的 0.68%；机动车废气中氮氧化物排放量为 6042t，占氮氧化物排放总量的 20.39%。2016 年，废气污染物中氮氧化物排放总量为 22983.83t。其中，工业废气中氮氧化物排放量为 16878.63t，占氮氧化物排放总量的 73.44%；生活氮氧化物排放量为 158.2t，占氮氧化物排放总量的 0.69%；机动车废气中氮氧化物排放量为 5947.00t，占氮氧化物排放总量的 25.87%。2017 年，废气污染物中氮氧化物排放总量为 19337.28t(机动车除外)。其中，工业废气中氮氧化物排放量为 19171.09t，占氮氧化物排放总量的 99.14%；生活氮氧化物排放量为 161.75t，占氮氧化物排放总量的 0.83%。2018 年，废气污染物中氮氧化物排放总量为 17310.63t(机动车除外)。其中，工业废气中氮氧化物排放量为 17144.83t，占氮氧化物排放总量的 99.04%；生活氮氧化物排放量为 163.21t，占氮氧化物排放总量的 0.94%。2019 年，废气污染物中氮氧化物排放总量为 18045.49t(机动车除外)。其中，工业废气中氮氧化物排放量为 17881.26t，占氮氧化物排放总量的 99.09%；生活氮氧化物排放量为 161.03t，占氮氧化物排放总量的 0.89%。

全面了解攀枝花 NO_2 的时空变化特征对精准施策、综合治理具有重要意义。而且，在全社会关注雾霾治理及 NO_x 减排的背景下，重新审视形成雾霾的前体物 NO_2 的质量浓度及其时空演化特征，对区域空气污染治理具有积极的调控作用。

2.2.3 SO_2/NO_2 值长期变化

城市大气 SO_2 主要来自燃煤排放，来源相对单一；$NO_x(NO_2)$ 不仅来自燃煤排放，而且越来越多地反映了机动车尾气排放，SO_2/NO_2 值可以反映煤烟型污染与机动车排放型污染此消彼长的变化趋势。通过统计分析(2001～2017 年)攀枝花市大气 SO_2/NO_2 值的长期变化趋势(图 2-18)，发现 2001～2010 年攀枝花市 SO_2/NO_2 值一直在缓慢增加。2011 年略有降低，而后在 2013 年迅速增加，达到最大值 2.27，表明攀枝花地区的气溶胶仍以硫酸盐型为主，NO_2 的贡献相对较小。然而，自 2014 年开始 SO_2/NO_2 值呈逐年显著降低的趋势，2015～2017 年攀枝花市的 SO_2/NO_2

值均小于 1，说明攀枝花市的空气污染逐渐由煤烟型向机动车型污染变化。攀枝花市汽车保有量从 2013 年 1 月 31 日的 105326 辆发展到 2018 年 8 月的 178118 辆(https://bbs.scol. com.cn/thread-15230011-1-1.html)。因此，$\rho(SO_2)/\rho(NO_2)$ 逐渐降低一方面可能是对工业活动的控制减少了燃煤的使用量，燃煤对污染的贡献逐渐减小；另一方面是因为机动车数量的增加使 NO_x 的排放量增加，汽车尾气型污染特征明显。

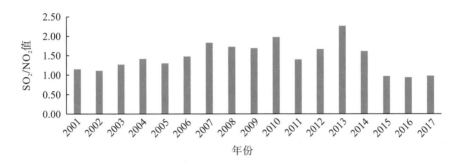

图 2-18　攀枝花市 2001～2017 年 SO_2/NO_2 值变化图

2017 年 12 月～2018 年 2 月 3 个站点 $\rho(SO_2)/\rho(NO_2)$ 均值为 1.05，同时期北京为 0.21、重庆为 0.22、邯郸为 0.81、邢台为 0.71(刘晓咏等，2019)，与重庆 2012 年冬季值相同(徐鹏等，2014)，高于西安 2016 年均值 0.52(朱常琳等，2017)。中重度污染等级下，3 个站点 $\rho(SO_2)/\rho(NO_2)$ 均值为 1.12，相同污染等级下兰州市 2002～2011 年的均值为 1.59。

2.3　大气一氧化碳(CO)分布特征

一氧化碳(CO)是大气环境中一种非常重要的反应性气体，是 OH 自由基主要的汇(Levy，1971)，是对流层臭氧(O_3)的重要前提物，是引发光化学污染事件重要的反应性气体。大气中的 CO 主要来源于化石燃料的不完全燃烧，如煤炭燃烧、机动车尾气等(Novelli，1999)，其天然来源很少，主要是海洋和植物的排放。据报道，人类活动排放到大气中的 CO 间接导致大气中 CH_4 质量浓度增加 24%～37%，如果自然界 CO 排放量增加 1 倍，那么相应对流层 CH_4 质量浓度将增加 40%～50%，O_3 质量浓度增加 12%(Ramanathan et al.，1987)。此外，大气中的 CO 会直接影响人体健康。CO 的暴露与心血管疾病死亡、脑卒中死亡，特别是冠心病死亡显著相关，而且其健康效应具有独立效应。因此，各国把 CO

质量浓度作为衡量城市大气污染状况的一个重要指标，CO 是 I 类监测点的必测项目之一。

我国 2012 年修订的《环境空气质量标准》(GB 3095—2012)将 CO 列入环境空气污染物基本监测项目，此后攀枝花市环境监测站也展开了对 CO 的监测。该部分内容以 2012～2017 年攀枝花市 4 个重点环境空气监测点位(烧结焦化区、烂枣马区、南山区、瓜子坪)CO 质量浓度观测数据为基础，剔除无效值后计算得到日平均(00:00～23:00)质量浓度，对其时空分布特征展开研究。

2.3.1 CO 时空分布特征

如图 2-19 所示，2012～2014 年攀枝花市大气 CO 质量浓度基本保持平稳且略有下降，2012～2014 年 CO 的 24h 平均质量浓度分别为 2.96mg/m³、2.58mg/m³、2.53mg/m³。根据《环境空气质量标准》(GB 3095—2012)和《环境空气质量指数(AQI)技术规定(试行)》(HJ 633—2012)的有关规定，CO 24h 平均限值为 4mg/m³，攀枝花市 CO 24h 平均质量浓度没有出现过超标现象(大于 4mg/m³)，但却超过 24h 平均质量浓度(大于 2mg/m³，II 级)，尤其是 2012 年，除瓜子坪站点部分质量浓度低于 2mg/m³ 外，其余站点全年均超过《环境空气质量指数(AQI)技术规定(试行)》(HJ 633—2012)的 II 级标准。2013 年 CO 质量浓度有所改善，第二、四季度均显著超标，一、三季度几乎没有超过 2mg/m³；2014 年除第二季度外，其他季度超标显著。从季节变化特征来看，2012 年四季度略高于其他季节，三季度相对较低；2013 年四季度显著高于其他季节，三季度在部分区域偏低，而在烧结焦化区第一季度偏低；2014 年(瓜子坪和烂枣马区第一季度数据缺失)，CO 在焦化区和南山区表现为第一季度最高，第二季度最低的季节分布特征；从空间分布特征来看，CO 空间浓度分布特征总体表现为烧结焦化区＞南山区＞瓜子坪＞烂枣马区。

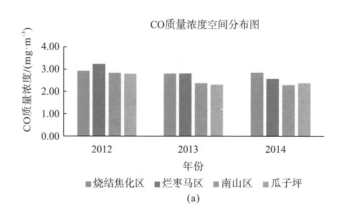

(a)

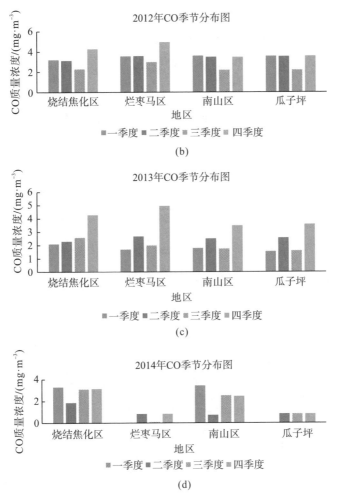

图 2-19　攀枝花市 2012～2014 年各地区 CO 质量浓度季节分布图

据攀枝花市环境统计公报数据显示，2015 年攀枝花市主城区环境空气 CO 的平均质量浓度为 2.20mg/m³，2016 年攀枝花市主城区环境空气一氧化碳(CO)第 95 百分位数为 2.21mg/m³，质量达标。2017 年一氧化碳(CO)年均质量浓度为 2.65mg/m³，与 2016 年 CO 年均质量浓度 2.21mg/m³ 相比，上升 0.44mg/m³。2019 年一氧化碳(CO)年均质量浓度为 2.30mg/m³。综上，2012～2019 年，攀枝花市主城区环境空气中 CO 的平均质量浓度趋于平稳，全部符合国家空气质量Ⅱ级标准。

2.3.2　CO 与其他污染物质量浓度相关性

如表 2-7 所示，CO 与 NO_2 质量浓度呈现显著的正相关关系，相关系数为 0.504，说明二者的来源具有同源性，可能主要是汽车尾气和化石燃料燃烧排放。近地层大气中 CO 的主要来源是工厂废气和汽车尾气，是含碳物质不充分燃烧时产生的，如堵车时燃油的不充分燃烧及化石燃料煤、石油、烷烃之类的不完全燃烧等。已有研究结果表明，机动车对 NO_2 和 CO 的贡献率处于较高水平(姚志良等，2012)。此外，CO 与 SO_2 质量浓度也具有较高的正相关关系，说明它们具有同源性。

表 2-7　CO 与 NO_2、SO_2 质量浓度相关性

物质	CO	SO_2	NO_2
CO	1		
SO_2	0.451**	1	
NO_2	0.504**	0.335	1

注：**表示在 0.1 的显著性水平上显著相关。

2.4　近地面大气臭氧(O_3)分布特征

臭氧是氧的同素异形体，在常温下，它是一种有着特殊气味的蓝色气体(耿福海等，2012)。近地面大气中的臭氧(O_3)除少量来源于平流层扩散与湍流方式的输送外，主要是空气中氮氧化物和挥发性有机物发生光化学反应的产物(易睿等，2015)。近年来，以 O_3 为特征的光化学烟雾在城市群地区频发，O_3 污染问题日益凸显(潘本锋等，2016)。相关研究表明，若不采取有效控制措施，预计 2015～2050 年全球 O_3 质量浓度将增加 20%～25%，到 2100 年将增加 40%～60%，高质量浓度 O_3 将对公众健康、农业生产及生态环境造成较为严重的危害(Geng et al.，2007)。因此，近地面 O_3 质量浓度升高及大气氧化性增强现象引起了越来越多的关注。

近年来，我国许多城市 O_3 污染加剧，O_3 已成为影响城市空气质量最主要的大气污染物之一(王红丽，2015)。监测数据显示，2019 年全国 337 个地级及以上城市 O_3 质量浓度同比上升 6.5%，以 O_3 为首要污染物的超标天数占总超标天数的 41.8%(生态环境部 2019 年公布数据)，O_3 将成为"十四五"的治理重点。

本部分内容基于攀枝花市环境监测中心站发布的 2014～2017 年环境空气质量数据并结合同期气象资料讨论不同功能区的 O_3 年际变化情况及成因。O_3 质量浓度数据来自攀枝花市生态环境局公布的 5 个环境空气质量监测国控点位自动监测数据，O_3 评价指标为日最大 8h 平均质量浓度(以下用"$O_{3\text{-}8h}$"表示)，数据统计有效性按照《环境空气质量标准》(GB 3095—2012)和《环境空气质量评价技术规范(试行)》(HJ 663—2013)执行。

2.4.1　O₃的时空分布特征

1. 年际变化特征

统计 2014～2017 年攀枝花市各监测点各年度日 $O_{3\text{-}8h}$ 环境空气质量浓度数据分布情况，结果如图 2-20 所示。2014～2017 年，攀枝花市 $O_{3\text{-}8h}$ 日均质量浓度均值分别为 72.67μg/m³、83.88μg/m³、68.63μg/m³、80.30μg/m³，整体变化幅度较小。从区域分布来看，仁和区 O_3 质量浓度最高，2014～2017 年的年均值分别为 83.13μg/m³、84.29μg/m³、87.85μg/m³、82.00μg/m³，整体呈现逐年增加的趋势。其次是河门口片区，2014～2017 年的年均值分别为 83.15μg/m³、83.60μg/m³、83.93μg/m³、86.17μg/m³，同样也呈逐年增加的趋势；弄弄坪片区 2014～2017 年的年均值分别为 84.65μg/m³、79.71μg/m³、65.19μg/m³、80.58μg/m³，除 2016 年略有下降外，其余年份的变化趋势并不显著；炳草岗片区质量浓度最低，2014～2017 年的年均值分别为 51.44μg/m³、75.70μg/m³、71.33μg/m³、74.91μg/m³，整体呈现增加的趋势，但变化趋势并不显著。与我国《环境空气质量标准》（GB 3095—2012）二级标准中规定的日均质量浓度限值（160μg/m³）相比，攀枝花市 $O_{3\text{-}8h}$ 日均质量浓度均无超标。

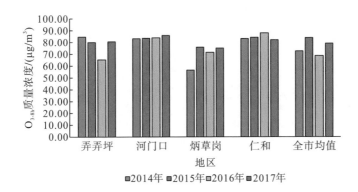

图 2-20　2014～2017 年攀枝花市各监测点各年度日 $O_{3\text{-}8h}$ 环境空气质量浓度数据分布图

白羽等（2021）对攀枝花 2017～2020 年 O_3 质量浓度的研究结果表明，攀枝花市区的 O_3 污染物单项指数负荷逐年上升，和 NO_2 污染物的单项指数负荷接近，说明 O_3 污染对攀枝花市区环境空气质量的影响越来越大，已基本和 NO_2 对攀枝花市区环境空气质量的影响持平。根据统计结果，轻度污染的天数也在逐年增加，O_3 污染已成为攀枝花地区环境空气污染的重要因素。

2. 季节分布特征

如图 2-21 所示，2014～2017 年攀枝花市 O_3 质量浓度总体呈现春季(3～5 月)高，夏季(6～8 月)、秋季(9～11 月)次之，冬季(12 月至次年 2 月)低的特点。2014～2017 年攀枝花市春季 O_3 平均质量浓度分别为 88.36μg/m³、128.40μg/m³、73.51μg/m³、88.34μg/m³；夏季 O_3 平均质量浓度分别为 78.23μg/m³、104.28μg/m³、91.23μg/m³、104.46μg/m³；秋季 O_3 平均质量浓度分别为 65.87μg/m³、56.01μg/m³、65.58μg/m³、59.17μg/m³；冬季 O_3 平均质量浓度分别为 51.00μg/m³、29.96μg/m³、44.06μg/m³、59.13μg/m³。春季攀枝花地区的太阳辐射强烈，太阳辐射和高温加剧了大气光化学反应，各区域的 O_3 平均质量浓度明显升高(徐敬等，2009)。2015 年春季，O_3 平均质量浓度高达 128.40μg/m³，之后受雨季影响，夏季 O_3 质量浓度降低。冬季紫外线强度与平均温度均较低，光化学反应较弱，且在一定条件下，高质量浓度颗粒物可导致气溶胶光学厚度增大，削弱 O_3 光化学生成率，二者相互作用，故冬季最低，且不同区域的质量浓度变化差异较小。张小娟等(2019)对 2010～2016 年上海城区近地面大气 O_3 的连续在线观测数据表明，上海城区春季 O_3 质量浓度均值较高，年际变化小，夏季均值较高，且污染超标情况最为突出。

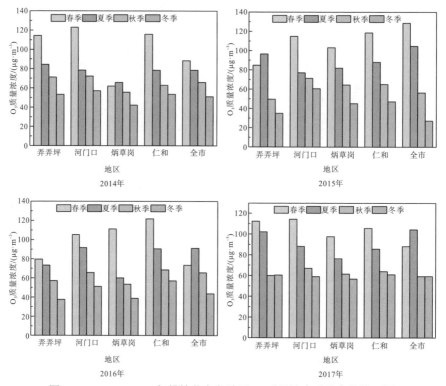

图 2-21　2014～2017 年攀枝花市各地区 O_3 质量浓度季节变化情况图

3. 月变化特征

攀枝花市的月太阳总辐射变化大，变化曲线呈单峰型，春季为一年中太阳能最丰富的季节，夏季次之，秋、冬季较少(白羽等，2021)。从图 2-22 各站点月份分布图可以看出，O_3 高质量浓度主要集中在 3～5 月，2 月开始攀枝花市 O_3 质量浓度明显上升，5～6 月 O_3 质量浓度维持较高水平，5 月 O_3 质量浓度出现极大值，9～10 月趋于平稳，10～11 月 O_3 质量浓度缓慢下降，O_3 的月平均质量浓度最低值出现在 1 月，极小值出现在 12～1 月，主要受温度、光照和太阳辐射等气象因素影响。

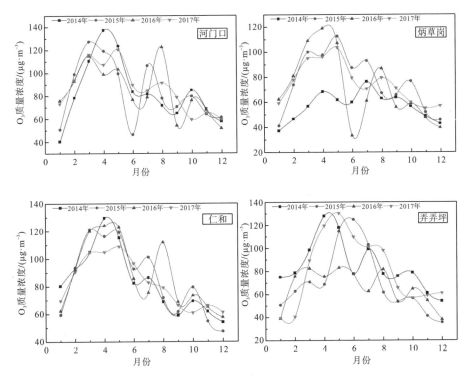

图 2-22 2014～2017 年攀枝花市各站点 O_3 质量浓度月变化趋势图

4. 日变化特征

图 2-23 是 2014～2017 年攀枝花市城区 4 月、7 月和 12 月 O_3 小时质量浓度的日变曲线。由图 2-23 可知，O_3 呈现单峰型分布的特点，且白天的质量浓度明显高于夜间。在夜晚至清晨(22:00 至次日 8:00)O_3 维持较低质量浓度，为 10～70μg/m³，这主要是因为夜间受较弱光照、较低温度的影响，生成 O_3 的化学反应较弱，同时 NO 不断地消耗 O_3。早上 8:00 开始受太阳辐射影响，O_3 质量浓度缓慢上升，午后太阳辐射最强，在 O_3 二次光化学反应作用下于 16:00 左右达到最大质量浓度，之

后随着太阳辐射强度的减弱又开始降低。4 月 O_3 质量浓度在 9:00～23:00 时段高于 7 月同时段的平均质量浓度，但峰值质量浓度出现在 7 月，12 月最低。

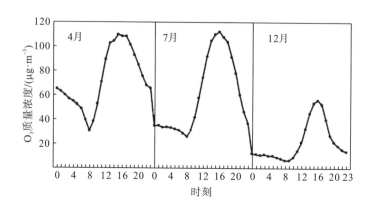

图 2-23　2014～2017 年攀枝花城区 4 月、7 月、12 月 O_3 小时质量浓度的日变曲线

白羽等(2021)的研究结果表明，攀枝花地区 2017～2020 年春、夏季 O_3 小时质量浓度均值的最低值出现在早上 8 时，秋、冬季最低值出现在早上 9 时，这应该与日出时间相关。在春季，太阳总辐射最强，日照射时间最长，O_3 累积阶段较快，O_3 小时质量浓度均值曲线左侧较陡、右侧较平滑，O_3 质量浓度持续高值时数最多。在夏季，太阳散射辐射最强，日照射时间次之，O_3 累积阶段较平滑，O_3 小时质量浓度均值曲线左右两侧较平滑，O_3 质量浓度持续高值影响时数次之。秋、冬季太阳总辐射最弱，日照射时间最少，O_3 累积阶段较平滑，O_3 小时质量浓度均值曲线左右两侧较平滑，O_3 质量浓度持续高值时数最少。另外，秋、冬季节夜间 O_3 小时质量浓度均值在盐边县城区较攀枝花市区偏高，昼间 O_3 小时质量浓度均值相当，而春、夏季节夜间 O_3 小时质量浓度均值在盐边县区与攀枝花市区质量浓度相等，昼间 O_3 小时质量浓度均值低于市区。这可能与光解产生的 O_3 消耗物质相关，春、夏季太阳总辐射相对较强，日照射时间长，光化学反应强烈，持续时间长，O_3 累积较快，市区内 O_3 消耗物质生成也较多，在逐步输送至县城区域的过程中会加速 O_3 的消耗，加之春、夏季大气扩散作用强烈，所以春、夏季节盐边县城区昼间 O_3 质量浓度较市区略低；而在秋、冬季，由于太阳总辐射相对较弱，日照射时间较短，光化学反应仅午间强烈且持续时间短，导致市区内 O_3 消耗物质生成相对不足，在市区范围内消耗物质生成后很快被 O_3 消耗，降低了市区的 O_3 质量浓度。

5. 空间化特征

攀枝花市区的主导风向分别为西北风、西南风和东南风，各风向占比分别为 55.6%、33.3% 和 11.1%；攀枝花市区范围内西方、西南方及东南方存在较多重工业，攀枝花市工业以钢铁、钒钛、能源、化工为主，工业生产会产生大量氮氧化物和碳氢化合物，在空气动力的带动下混匀并经光化学反应生成大量臭氧带入市中心区域和仁和居民区(图 2-24)。攀枝花市区臭氧污染受西向气流影响最重，其可能原因是受市区内西及西南向工业集中区的影响，这与唐毅等(2016)研究的西南方向的气团对攀枝花市影响最大的结果一致(白羽等，2021)

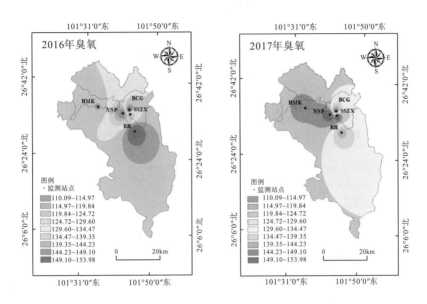

图 2-24　2016 年、2017 年攀枝花市臭氧空间分布图

2.4.2　O$_3$ 与其他污染物的关系

如表 2-8 所示，O$_3$ 和 CO、SO$_2$ 和 NO$_2$ 均具有相关性，表明这些前提物都会影响攀枝花市大气中 O$_3$ 的质量浓度。

表 2-8　O$_{3\text{-8h}}$、CO、SO$_2$ 和 NO$_2$ 相关性分析

物质	O$_{3\text{-8h}}$	CO	SO$_2$	NO$_2$
O$_{3\text{-8h}}$	1	−0.363**	−0.110*	−0.291**
CO		1	0.620**	0.760**
SO$_2$			1	0.563**
NO$_2$				1

注：*表示在 0.05 显著性水平上(双尾)相关性显著；**表示在 0.01 显著性水平上(双尾)相关性显著。

2.4.3　O_3与气象条件的关系

O_3质量浓度空间分布与其前体物 NO_x 和 VOCs 的空间分布有着密切的联系。为了进一步了解 O_3 超标日形成的外部环境条件，本书在天气分型的基础上对 O_3 超标日的气象要素进行了初步统计（表 2-9、图 2-25、图 2-26），O_3 超标日的气象要素特征主要表现如下：①O_3 超标日的地面风速表现为偏南风，平均为 1.63m/s，略小于全年平均风速（1.65m/s）；②地面相对湿度一般偏高，超标日的相对湿度多数在 26%～77%，平均为 56.7%，比全年（54.4%）高约 2%；③温度较高，平均温度为 26.66℃，高温有利于促进光化学反应生成臭氧。

表 2-9　2015～2020 年攀枝花地区 O_3 质量浓度及气象条件

年份	平均温度/℃	平均相对湿度/%	平均日照时数/h	$O_{3\text{-8h}}$质量浓度平均值/$(\mu g\cdot m^{-3})$	$O_{3\text{-8h-90}}$质量浓度平均值/$(\mu g\cdot m^{-3})$	$O_{3\text{-8h-90}}$质量浓度超标天数/d	空气质量为优良天数占比/%
2015	21.21	56.90	7.7	79	118	2	98.6
2016	20.81	59.87	7.5	76	113	0	100
2017	20.77	59.18	7.5	80	118	0	98.1
2018	20.70	57.89	7.2	91	140	7	98.1
2019	22.27	52.43	16.4	92	139	7	97.5
2020	21.66	55.22	6.7	83	128	1	98.6

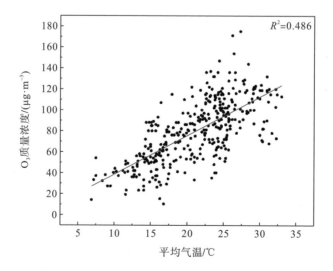

图 2-25　O_3 质量浓度与平均气温相关图

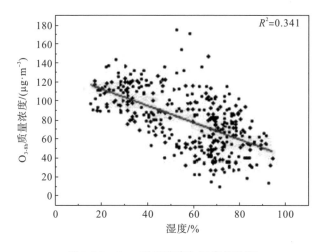

图 2-26 O_{3-8h} 质量浓度与湿度相关图

2.5 $PM_{10}/PM_{2.5}$ 分布特征

可吸入颗粒物(PM_{10} 和 $PM_{2.5}$)的质量浓度是评价城市空气质量的主要依据，目前包括我国在内的世界上大多数国家和组织在空气质量标准中都规定了可吸入颗粒物的质量浓度限值。大气中可吸入颗粒物的来源主要有两个途径：①各种工业过程(燃煤、冶金、化工、内燃机等)直接排放的颗粒物；②大气中二次形成的颗粒物。

攀枝花市 2014 年正式开展了空气中细颗粒物($PM_{2.5}$)的自动监测工作(唐毅等，2016)，共有 5 个国控大气常规监测点：炳草岗、弄弄坪、河门口、金江、仁和，监测点位功能区的情况及地理位置详见图 2-27。

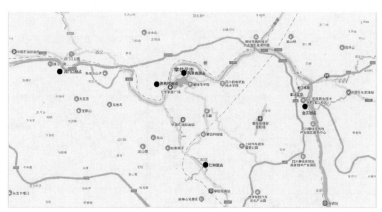

图 2-27   攀枝花市 5 个国控空气自动监测站位置示意图

2.5.1 PM$_{10}$/PM$_{2.5}$时空分布特征

如图 2-28 所示，2001～2017 年攀枝花市 PM$_{10}$ 年均质量浓度呈逐年下降趋势，年均值从 2001 年的 312μg/m^3 下降至 2017 年的 82.47μg/m^3，降低了 3.78 倍。与国家《环境空气质量标准》(GB 3095—2012)中二级年均标准限值(70μg/m^3)相比，2001～2017 年攀枝花市 PM$_{10}$ 年均质量浓度均超过标准限值，超标倍数为 1.18～4.46 倍。

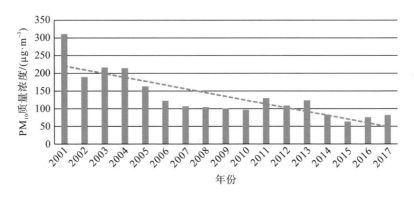

图 2-28   2001～2017 年攀枝花市 PM$_{10}$ 年际变化图

从 2002～2017 年的逐月变化分布图(图 2-29)可以看出，攀枝花市 PM$_{10}$ 质量浓度月变化特征显著，呈 U 形分布，即每年的 1～4 月、10～12 月质量浓度高，其中 1 月的质量浓度最高，而 5～9 月质量浓度较低，6 月份质量浓度最低。究其原因，一方面是冬季排放源强度大，同时逆温气象条件不利于污染物扩散；另一方面则是因为 5～9 月降水充沛，通过雨水的冲刷作用沉降了空气中大量的 PM$_{10}$。

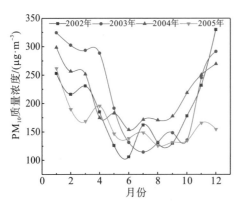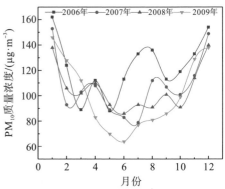

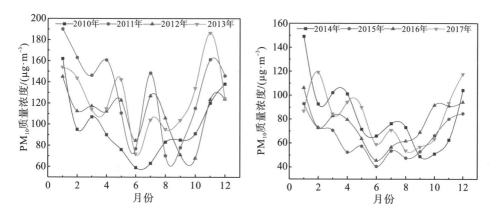

图 2-29　2002～2017 年攀枝花市 PM_{10} 质量浓度逐月变化分布图

从 2014～2017 年 $PM_{2.5}$ 年均质量浓度分布图(图 2-30)可以看出，攀枝花市 $PM_{2.5}$ 年均质量浓度变化较小，2014～2017 年的年均质量浓度分别为 39.16μg/m^3、31.69μg/m^3、31.46μg/m^3、37.66μg/m^3，仅 2014 年和 2017 年的年均质量浓度略高于环境空气质量标准规定的年均质量浓度限值(35μg/m^3)，2015 年和 2016 年均低于年均质量浓度限值。

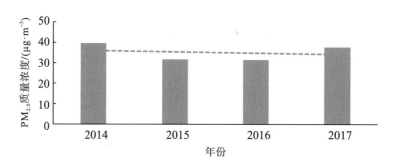

图 2-30　2014～2017 年攀枝花市 $PM_{2.5}$ 质量浓度年际变化图

从攀枝花市 2014～2017 年不同季节 $PM_{2.5}$ 质量浓度分布图(图 2-31)可以看出，$PM_{2.5}$ 质量浓度具有显著的季节分布特征，冬、春季高而夏、秋季低。

通过分析 2014～2017 年攀枝花市逐年月均 $PM_{2.5}$ 质量浓度(图 2-32)，发现 $PM_{2.5}$ 质量浓度在 1 月最高，随后逐月降低，6 月达到最低值，而后有小幅度的升高，7 月后逐渐降低直至 9 月，之后逐月增加。

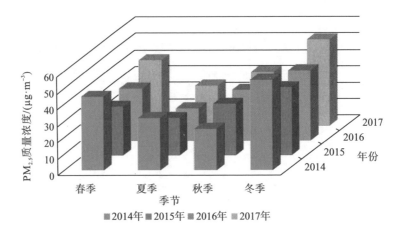

图 2-31   攀枝花市 2014～2017 年不同季节 PM$_{2.5}$ 质量浓度分布图

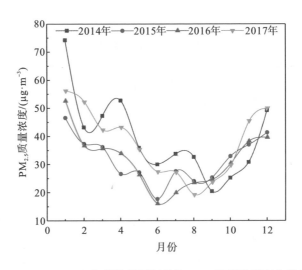

图 2-32   2014～2017 年攀枝花逐年月均 PM$_{2.5}$ 质量浓度变化趋势图

2.5.2   PM$_{2.5}$/PM$_{10}$ 值特征

PM$_{2.5}$/PM$_{10}$ 值可作为判断大气污染程度和污染源的依据(Huang and Wang, 2014),但由于区域性不同,该比值关系也不同(张青和饶灿,2019)。此外,由于 PM$_{10}$ 和 PM$_{2.5}$ 分别表征一次污染和二次污染的程度,而且有不少研究把 PM$_{2.5}$/PM$_{10}$ 值为 0.5 作为大气二次污染程度的分界线(马敏劲等,2019),认为 PM$_{2.5}$/PM$_{10}$ 值越高,大气污染越重(Wang et al.,2016a)。

根据攀枝花市 2014～2017 年 PM$_{2.5}$/PM$_{10}$ 值的计算结果(图 2-33),可以看出 2014～2017 年攀枝花市 PM$_{2.5}$/PM$_{10}$ 值的波动范围较小,2014～2017 年分别为 0.51、0.51、0.41、0.48。

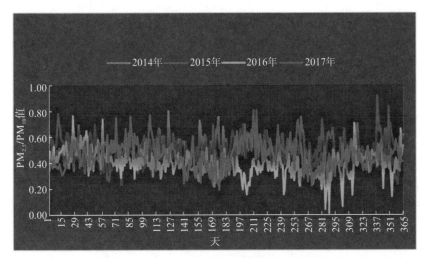

图 2-33　攀枝花市弄弄坪 $PM_{2.5}/PM_{10}$ 值特征图

$PM_{2.5}/PM_{10}$ 值的空间差异非常显著，总体上呈现东高西低、南高北低的空间分布特征（图 2-34）。

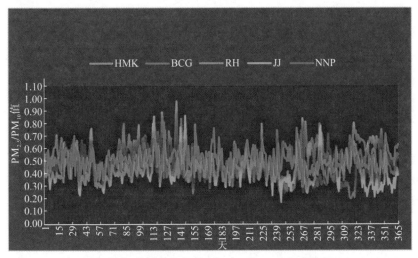

图 2-34　攀枝花市各地区 $PM_{2.5}/PM_{10}$ 空间分布图

2.5.3　$PM_{10}/PM_{2.5}$ 与气象条件的相关关系

大量研究表明，在污染源排放强度不变的条件下，污染物质量浓度及其变化主要取决于当地的气象条件。研究表明，大气颗粒物的污染水平与温度、湿度、风向和风速都有直接关系，通过对 2014 年 1～3 月(代表旱季)和 6～7 月(代表雨季)的 4 项污染物(PM_{10}、$PM_{2.5}$、SO_2 和 NO_2)及同期攀枝花常规观测的 3 项气象资料(平均温度、平均风速和相对湿度)进行相关性统计分析(表 2-10 和表 2-11)发现,风速是影响大气污染物扩散、稀释的主要因素。PM_{10}、$PM_{2.5}$ 和 SO_2 与平均风速呈显著的负相关关系,相关性系数分别为 -0.518、-0.617 和 -0.232(相关性系数均通过 0.01 的显著性水平检验),说明随着风速的增大,PM_{10}、$PM_{2.5}$ 和 SO_2 的质量浓度均降低。但是在旱季,风速与 NO_2 的相关性不明显。

表 2-10　旱季大气污染物与气象条件的相关性

条件	PM_{10}	$PM_{2.5}$	SO_2	NO_2	风速	相对湿度	气温
PM_{10}	1						
$PM_{2.5}$	0.919**	1					
SO_2	0.376**	0.353**	1				
NO_2	0.334**	0.244	0.139	1			
风速	-0.518**	-0.617**	-0.232	0.076	1		
相对湿度	0.413**	0.510**	0.180	-0.331	-0.617**	1	
气温	-0.418**	-0.499**	-0.367**	0.292*	0.557**	-0.778**	1

注:**表示相关性在±0.01 的显著性水平上显著相关(双尾);*表示相关性在±0.05 的显著性水平上显著相关(双尾)。

表 2-11　雨季大气污染物与气象条件的相关性

条件	PM_{10}	$PM_{2.5}$	SO_2	NO_2	风速	相对湿度	气温
PM_{10}	1						
$PM_{2.5}$	0.876**	1					
SO_2	0.446*	0.578**	1				
NO_2	0.556**	0.634**	0.451*	1			
风速	-0.401*	-0.478	-0.286	-0.375*	1		
相对湿度	-0.632**	-0.541**	-0.347	-0.391	0.073	1	
气温	0.485**	0.408*	0.179	0.303	-0.369	-0.454*	1

注:**表示相关性在±0.01 的显著性水平上显著相关(双尾);*表示相关性在±0.05 的显著性水平上显著相关(双尾)。

相对湿度与 PM_{10} 和 $PM_{2.5}$ 在旱季呈显著的正相关关系,相关系数为 0.413 和 0.510(相关性系数均通过 0.01 的显著性水平检验)。这说明旱季随着相对湿度的增大,PM_{10} 和 $PM_{2.5}$ 的质量浓度显著增加这可能是因为旱季,尤其是冬季降水少,相对湿度平均值较低,而当相对湿度较大时,空气中的细小颗粒易被凝结水吸附;同时,由于冬季气温较低且气压较高,容易造成大气混合高度变低,边界层下降并伴随逆温的出现,水汽在大气低层累积,不利于污染物的扩散,加上冬季风速较小,污染物不易水平迁移,从而造成污染物质量浓度增加。而雨季,相对湿度与 PM_{10}、$PM_{2.5}$、SO_2 和 NO_2 均呈负相关关系,相关系数分别为 -0.632、-0.541、

-0.347 和-0.391(相关性系数均通过 0.01 的显著性水平检验)。这说明雨季降水对 4 项污染物具有清除作用。但相比而言，相对湿度对 NO_2 的影响较其他 3 项污染物小。

气温与 PM_{10}、$PM_{2.5}$ 和 SO_2 在旱季呈负相关关系，相关性系数分别为-0.418、-0.499 和-0.367(相关性系数均通过 0.01 的显著性水平检验)，这主要是由于旱季低温时更有利于工矿业活动的进行，攀枝花冬季高排放结合弱对流及逆温层，使得污染物很难扩散出去并加重了污染水平。而气温高时太阳辐射强、大气多处于中性或不稳定状态，近地层对流越旺盛，越有利于大气的垂直运动和污染物的扩散，所以污染物的质量浓度降低。

综合上述分析结果不难发现，气象条件对 PM_{10}、$PM_{2.5}$ 和 SO_2 的相关性较为显著，而对 NO_2 的影响相对较小，相关性不明显。

第3章 攀枝花市 $PM_{2.5}$ 相关因素
多元回归预测模型

$PM_{2.5}$ 是指大气中直径小于或等于 2.5μm 的颗粒物，常称为可入肺颗粒物或细颗粒物。由于其粒径小，富含大量有毒有害物质，所以 $PM_{2.5}$ 易对人体造成如呼吸道疾病、肺癌等健康损害，已成为世界各国环境污染防控最重要的对象之一（王敏等，2013）。国际上普遍通过大气环境定点监测的方式获取各城市 $PM_{2.5}$ 污染状况，然而各监测点的观测结果只可以表征监测点周边一定半径范围内的 $PM_{2.5}$ 质量浓度，因此城市内部稀疏监测点的观测结果仅能揭示较小空间范围内 $PM_{2.5}$ 的污染水平，无法表征整个城市的 $PM_{2.5}$ 污染状况及其空间差异（王敏等，2013）。要想控制 $PM_{2.5}$ 质量浓度，必须对 $PM_{2.5}$ 的产生、空间联系和发展规律进行深入研究（郑天祥，2020）。此外，开展城市大气污染物质量浓度的预测预报工作，准确模拟城市区域排放污染物的扩散，是加强大气污染防治，实现环境综合管理和决策科学化的重要手段，对评价城市环境质量具有重要意义（周越，2006）。

为了探索攀枝花市 $PM_{2.5}$ 污染的主要因素，对空气污染监测指标 $PM_{2.5}$ 与其他监测指标（O_3、CO、PM_{10}、SO_2、NO_2）进行相关性分析，同时利用多元回归模型得到 $PM_{2.5}$ 与主因子的数量关系，并通过其他污染物指标对 $PM_{2.5}$ 进行预测。

3.1 多元回归模型对 $PM_{2.5}$ 质量浓度的预测

3.1.1 回归分析

回归分析是确定两种或两种以上变量间相互依赖的定量关系的一种统计分析方法。回归分析是一种预测性的建模技术，它在研究因变量（目标）和自变量（预测器）之间关系的基础上，建立变量之间的回归方程，并将回归方程作为预测模型。

回归方程：

$$Y = \beta^{\mathrm{T}} X_n^i + b \tag{3-1}$$

式中，$i=1$ 为线性回归分析，$i>1$ 为非线性回归分析；$n=1$ 为一元线性回归分析，$n>1$ 为多元线性回归分析，β 为回归系数（regression coefficient）。

3.1.2　多元线性回归分析

线性回归分析是最为人熟知的建模技术之一。线性回归通常是学习预测模型时首选的技术之一。在这种技术中，因变量是连续的，自变量可以是连续的也可以是离散的，回归线的性质是线性的。线性回归使用最佳的拟合直线（也就是回归线）在因变量(Y)和一个或多个自变量(X)之间建立一种关系。

如果有两个或两个以上的自变量，那么就称为多元线性回归。多元线性回归模型的一般形式为

$$Y_i = \beta_0 + \beta_1 X_{1i} + \beta_2 X_{2i} + \cdots + \beta_k X_{ki} \qquad i = 1,2,\cdots,n \tag{3-2}$$

式中，k 为解释变量的数目；β_j ($j=1$，2，$\cdots$，k) 为回归系数。

式(3-2)称为总体回归函数的随机表达式。它的非随机表达式为

$$E\left(\boldsymbol{Y}|X_{1i}, X_{2i}, \cdots, X_{ki}\right) = \beta_0 + \beta_1 X_{1i} + \beta_2 X_{2i} + \cdots + \beta_k X_{ki}\, i = 1,2,\cdots,n \tag{3-3}$$

$\beta_j(j = 1,2,\cdots,k)$ 也被称为偏回归系数(partial regression coefficient)。

3.1.3　获得最佳拟合线（回归系数 β_j 的值）

最小二乘法是用于拟合回归线最常用的方法。对于观测数据，它通过最小化每个数据点到线的垂直偏差平方和来计算最佳拟合线。因为在相加时，偏差先平方，所以正值和负值没有抵消。

我们可以采用矩阵的方式来表示多元回归模型的方程：

$$\boldsymbol{Y} = \begin{bmatrix} Y_1 \\ Y_2 \\ \vdots \\ Y_n \end{bmatrix},\ \boldsymbol{X} = \begin{bmatrix} 1 & X_{11} & X_{12} & \cdots & X_{1k} \\ 1 & X_{21} & X_{22} & \cdots & X_{2k} \\ \vdots & \vdots & \vdots & \ddots & \vdots \\ 1 & X_{n1} & X_{n2} & \cdots & X_{nk} \end{bmatrix},\ \boldsymbol{\beta} = \begin{bmatrix} \beta_0 \\ \beta_1 \\ \vdots \\ \beta_n \end{bmatrix}$$

则多元线性回归模型可表示为

$$\boldsymbol{Y} = \boldsymbol{X}\boldsymbol{\beta} \tag{3-4}$$

式中，$\boldsymbol{Y}$ 为目标矩阵；$\boldsymbol{X}$ 为自变量矩阵，包含 1 是将偏差考虑在内；$\boldsymbol{\beta}$ 为权重系数矩阵。

最小二乘法是通过最小化残差和求得权重系数 $\boldsymbol{\beta}$，残差和 $R(\boldsymbol{\beta})$ 为

$$\begin{aligned} R(\boldsymbol{\beta}) &= \sum_{i=1}^{n}\left(Y_i - \beta_0 - \beta_1 X_{1i} - \beta_2 X_{2i} - \cdots - \beta_k X_{ki}\right)^2 \\ &= \left\| \boldsymbol{Y} - \boldsymbol{X}\boldsymbol{\beta} \right\|^2 \end{aligned} \tag{3-5}$$

最小二乘法要求 $\hat{\beta} = \left(\hat{\beta}_0, \hat{\beta}_1, \cdots, \hat{\beta}_k\right)$ 使得

$$R\left(\check{\beta}\right) = \min R(\beta) \tag{3-6}$$

求解残差函数的极值点可求出需要的权重系数。

3.1.4　回归分析的优缺点

(1)优点：运用回归模型，只要采用的模型和数据相同，通过标准的统计方法就可以计算出唯一的结果，但在图和表的形式中，对数据之间关系的解释通常因人而异，不同分析者画出的拟合曲线很有可能也是不一样的；回归分析可以准确地计量各个因素之间的相关程度与回归的拟合程度，提高预测方程式的效果；在回归分析时，实际一个变量仅受单个因素影响的情况极少，要注意模式的适合范围，所以一元回归分析法适用于确实存在一个对因变量影响作用明显高于其他因素的变量时使用。多元回归分析法比较适合受多因素综合影响时使用。

(2)缺点：在回归分析中，选用何种因子及其采用何种表达式只是一种推测，这影响了该因子的多样性和某些因子的不可测性，因此回归分析在某些情况下会受到限制。

3.2　大气污染物的相关性统计分析

大气污染物主要包括 $PM_{2.5}$、O_3、CO、PM_{10}、SO_2、NO_2，其中 $PM_{2.5}$ 作为空气的首要污染物，其与其他污染物之间可能具有某种关联关系，希望可以通过其他污染物指标来对 $PM_{2.5}$ 进行预测。所以，需要对 $PM_{2.5}$ 与其他几种污染物的关联性进行统计分析。

数据集见表3-1，主要包括6种污染物的日平均质量浓度。为了使数据特征更加凸显，剔除数据集的时间属性和空间属性，只考虑数据间的相关性。相关性分析主要是计算特征之间的相关系数，为了使相关性更加明确，可先作出两两的相关图。

表 3-1　2014 年攀枝花市各种污染物的平均质量浓度(部分数据)

日期	$SO_2/(\mu g\cdot m^{-3})$	$NO_2/(\mu g\cdot m^{-3})$	$PM_{10}/(\mu g\cdot m^{-3})$	$CO/(\mu g\cdot m^{-3})$	$O_{3-8h}/(\mu g\cdot m^{-3})$	$PM_{2.5}/(\mu g\cdot m^{-3})$
2014/1/1	95	54	170	4.114	59	83
2014/1/2	120	55	174	4.439	60	80
2014/1/3	48	44	132	3.153	53	60
2014/1/4	58	48	146	3.276	56	76
2014/1/5	125	59	176	4.020	30	86

续表

日期	SO$_2$/(μg·m^{-3})	NO$_2$/(μg·m^{-3})	PM$_{10}$/(μg·m^{-3})	CO/(μg·m^{-3})	O$_{3-8h}$/(μg·m^{-3})	PM$_{2.5}$/(μg·m^{-3})
2014/1/6	108	44	161	4.003	53	68
2014/1/7	51	38	110	3.025	52	51
2014/1/8	51	45	154	3.177	53	70
2014/1/9	84	51	183	3.649	53	89
2014/1/10	94	52	197	3.579	64	93

相关系数计算公式：

$$COV = \frac{\sum_{i}^{N}\left(Data_1[i] - Mean_1\right)\left(Data_2 - Mean_2\right)}{N} \qquad (3-7)$$

$$CORRCOEF = \frac{COV}{STD_1 \times STD_2} \qquad (3-8)$$

式中，COV 为计算两组数据的协方差；CORRCOEF 为计算两组数据的相关系数；STD$_1$ 与 STD$_2$ 分别为两组数据的标准差；Mean$_1$ 和 Mean$_2$ 为两组数据的均值。

相关系数在-1～+1 为正表示正相关，越靠近 1，相关性越高；为负表示负相关，越靠近-1，相关性也越高。

3.2.1　PM$_{2.5}$ 与 SO$_2$ 的相关性分析

PM$_{2.5}$ 与 SO$_2$ 的相关性如图 3-1 所示。从图中可以看出，PM$_{2.5}$ 与 SO$_2$ 具有弱相关关系，并呈正相关分布，即随着 SO$_2$ 质量浓度的增加，PM$_{2.5}$ 的质量浓度也在增加。

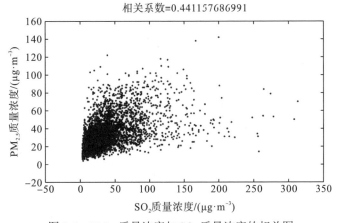

图 3-1　PM$_{2.5}$ 质量浓度与 SO$_2$ 质量浓度的相关图

3.2.2 PM$_{2.5}$ 与 NO$_2$ 的相关性分析

PM$_{2.5}$ 与 NO$_2$ 的相关性如图 3-2 所示，PM$_{2.5}$ 与 NO$_2$ 具有相关关系，并呈正相关分布，即随着 NO$_2$ 质量浓度的增加，PM$_{2.5}$ 的质量浓度也在增加。

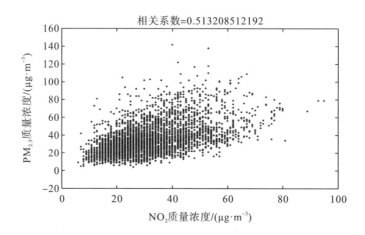

图 3-2　PM$_{2.5}$ 质量浓度与 NO$_2$ 质量浓度的相关图

3.2.3 PM$_{2.5}$ 与 PM$_{10}$ 的相关性分析

PM$_{2.5}$ 与 PM$_{10}$ 的相关性如图 3-3 所示，PM$_{2.5}$ 与 PM$_{10}$ 具有强相关关系，并呈正相关分布，即随着 PM$_{10}$ 质量浓度的增加，PM$_{2.5}$ 的质量浓度也在增加。

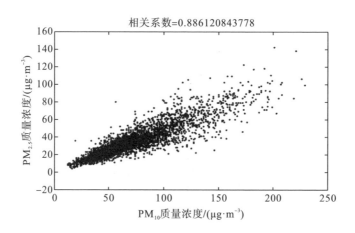

图 3-3　PM$_{2.5}$ 质量浓度与 PM$_{10}$ 质量浓度的相关图

3.2.4　$PM_{2.5}$ 与 CO 的相关性分析

$PM_{2.5}$ 与 CO 的相关性如图 3-4 所示，$PM_{2.5}$ 与 CO 具有强相关关系，并呈正相关分布，即随着 CO 质量浓度的增加，$PM_{2.5}$ 的质量浓度也在增加。

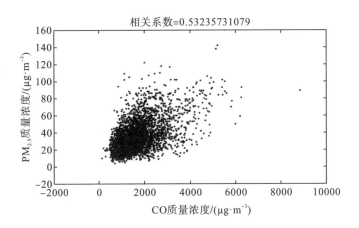

图 3-4　$PM_{2.5}$ 质量浓度与 CO 质量浓度的相关图

3.2.5　$PM_{2.5}$ 与 $O_{3\text{-}8h}$ 的相关性分析

$PM_{2.5}$ 与 $O_{3\text{-}8h}$ 的相关性如图 3-5 所示，$PM_{2.5}$ 与 $O_{3\text{-}8h}$ 具有弱相关关系，并呈负相关分布，即随着 $O_{3\text{-}8h}$ 质量浓度的增加，$PM_{2.5}$ 的质量浓度减小。

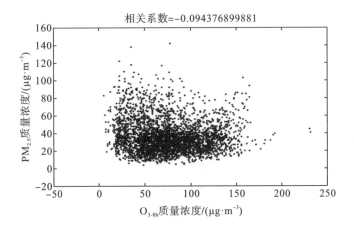

图 3-5　$PM_{2.5}$ 与 $O_{3\text{-}8h}$ 的相关图

3.3 PM$_{2.5}$质量浓度预测的线性回归模型

PM$_{2.5}$质量浓度预测模型是一种监督学习的多元线性回归模型。运用回归分析的方法，建立PM$_{2.5}$与其他各项分指标间的多元线性回归模型，采用最小二乘估计方法对回归系数进行估计，并对回归方程进行残差检验，最终得到多元线性回归方程。

3.3.1 预测模型定义

依赖空气中的污染物O$_3$、CO、PM$_{10}$、SO$_2$、NO$_2$等特征实现对PM$_{2.5}$的预测，符合多元回归模型的形式。其中，预测目标值PM$_{2.5}$对应因变量y，其他5种污染物质量浓度值对应多个特征变量。

目标函数定义如下：

$$PM_{2.5} = W_1 \cdot O_3 + W_2 \cdot CO + W_3 \cdot PM_{10} + W_4 \cdot SO_2 + W_5 \cdot NO_2 + b \tag{3-9}$$

式中，W_1、W_2、W_3、W_4、W_5分别为各个特征的影响权重；b为偏差。

3.3.2 代价函数定义

为了优化训练模型，需要根据预测误差定义代价函数，再通过训练使目标的真实值和预测值的距离最小。

线性回归的代价函数一般通过预测值和真实值的均方误差(MSE)表示，定义如下：

$$J(\theta) = \frac{1}{2}\sum_{i=1}^{m}\left(h_\theta\left(x^{(i)}\right) - y^{(i)}\right)^2 \tag{3-10}$$

式中，$J(\theta)$为代价函数，表示预测值与真实值的误差；$h_\theta\left(x^{(i)}\right)$为预测所得到的值；$y^{(i)}$为真实观测值；$m$为样本数量。

在本模型中，需要将预测的PM$_{2.5}$质量浓度值与数据集中已观测的PM$_{2.5}$数据进行平方差的计算，并作为预测出现的误差：

$$J(PM_{2.5}) = \frac{1}{2}\sum_{i=1}^{m}\left[\left(W_1 \cdot O_3 + W_2 \cdot CO + W_3 \cdot PM_{10} + W_4 \cdot SO_2 + W_5 \cdot NO_2 + b\right)^{(i)} - PM_{2.5}^{(i)}\right]^2$$

$$\tag{3-11}$$

式中，$\left(W_1 \cdot O_3 + W_2 \cdot CO + W_3 \cdot PM_{10} + W_4 \cdot SO_2 + W_5 \cdot NO_2 + b\right)^{(i)}$为通过第$i$个样本计算所得的PM$_{2.5}$质量浓度值；$PM_{2.5}^{(i)}$为第$i$个样本对应的PM$_{2.5}$的真实值。

模型需要通过训练不断减小预测值与真实值之间的误差，即求解代价函数的最小值。

3.3.3 训练方法

给定代价函数，为了求解最小值，模型中需要定义训练方法，可以不断地进行迭代，不断缩小代价函数的值，以达到期望误差值。

模型中采用的训练方法是梯度下降(gradient descent)算法。梯度下降法是一种用于寻找最小化成本函数的参数值的最优化算法。梯度下降的原理是寻找函数下降最快的方向，通过给定的下降梯度，不断迭代代价函数。

该方法的步骤表述如下。

(1)先确定向下一步的步伐大小 α，称为学习速率。

(2)任意给定权重 $W_j^{(i)}$ 和阈值 b_j 的初始值。

(3)确定函数的下降方向，沿着向下下降的预定梯度，并迭代 $W_j^{(i)}$ 和 b_j 的值。

(4)当迭代到指定次数或代价下降到指定高度时，停止训练。

权重 $W_j^{(i)}$ 的迭代公式如下：

$$W_j^{(i)} := W_j^{(i)} - \alpha \frac{\partial}{\partial W_j^{(i)}} J\left(W_j^{(i)}, \ b_j\right) \tag{3-12}$$

阈值 b 的迭代公式如下：

$$b_j := b_j - \alpha \frac{\partial}{\partial W_j^{(i)}} J\left(W_j^{(i)}, \ b_j\right) \tag{3-13}$$

式中，$\alpha \frac{\partial}{\partial W_j^{(i)}} J(W_j^{(i)}, \ b_j)$ 为下降梯度，可通过链式求导进行求解；下标 j 表示第 j 个特征权重。

PM$_{2.5}$ 预测模型框架图如图 3-6 所示。

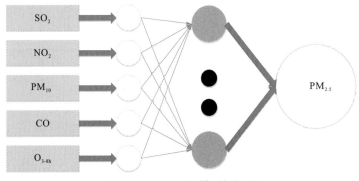

图 3-6 PM$_{2.5}$ 预测模型框架图

3.4 实验结果及模型验证

3.4.1 实验过程

模型依据神经网络的模式进行构造：特征向量输入，计算目标函数，输出预测值，计算代价函数，更新参数，不断迭代。具体的训练过程如下。

(1)数据预处理。首先，构造由 O_3、CO、PM_{10}、SO_2、NO_2 和 $PM_{2.5}$ 质量浓度构成的矩阵：

$$P = \begin{bmatrix} p_1 & s_{11} & \cdots & s_{15} \\ \vdots & \vdots & \ddots & \vdots \\ p_m & s_{m1} & \cdots & s_{m5} \end{bmatrix}$$

式中，m 为时间；第一列可表示为 $\boldsymbol{p}_i = (p_1, \ldots, p_m)^T$，为统计日期的 $PM_{2.5}$ 质量浓度值，将其作为标签进行误差监督学习；其余列作为特征输入向量，可表示为 $\boldsymbol{s}_i = (s_{1i}, s_{2i}, \cdots, s_{mi})^T (i = 1, 2, \cdots, 5)$，是 O_3、CO、PM_{10}、SO_2、NO_2 的度质量浓度值。

其次，对数据进行预处理，检验数据质量，填充缺失值。

(2)特征输入，将 $\boldsymbol{s}_i$ 批量输入模型，并对权重 $W_j^{(i)}$ 和阈值 b_j 进行随机初始化。

(3)目标函数计算，根据公式(3-9)计算 $PM_{2.5}$ 质量浓度值。

(4)输出 $PM_{2.5}$ 的值，并根据公式(3-11)计算代价函数。

(5)根据梯度下降算法公式(3-12)和公式(3-13)分别更新权重值和阈值，再次迭代。

3.4.2 评价标准

实验采用计算 $PM_{2.5}$ 预测值与真实值之间的均方差和相关系数作为评价标准。均方差公式：

$$\text{VAR} = \frac{\sum_{i=0}^{m} (\text{pred}_i - \text{label}_i)^2}{m} \tag{3-14}$$

相关系数公式：

$$\text{CORRCOEF} = \frac{\text{COV}(\text{pred}_{PM_{2.5}}, \text{label}_{PM_{2.5}})}{\text{STD}_{\text{pred}} \cdot \text{STD}_{\text{label}}} \tag{3-15}$$

式中，pred 为 $PM_{2.5}$ 预测值；label 为 $PM_{2.5}$ 真实测量值；m 为样本数量；STD 为标准差。

3.4.3 实验结果

采用多元线性回归模型由 O$_3$、CO、PM$_{10}$、SO$_2$、NO$_2$ 等污染物的质量浓度来预测 PM$_{2.5}$ 的质量浓度。如图 3-7 所示，红色折线代表 2014 年真实测量的 PM$_{2.5}$ 质量浓度数据的分布，蓝色折线代表采用多元回归模型并根据 O$_3$、CO、PM$_{10}$、SO$_2$、NO$_2$ 的质量浓度预测所得到的 PM$_{2.5}$ 质量浓度数据的年分布，黑色折线表示预测值和真实值之间的残差分布。

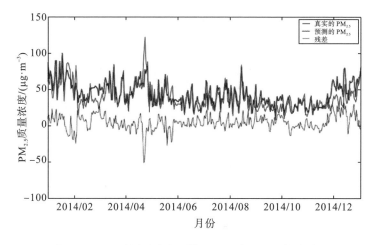

图 3-7 PM$_{2.5}$ 质量浓度实测值、预测值及两者的关系图

假设只取 PM$_{10}$ 的数据并利用线性回归模型进行 PM$_{2.5}$ 质量浓度的预测，真实数据与预测数据的均方差和相关系数的对比见表 3-2。

表 3-2 真实数据与预测数据的均方差和相关系数的对比

方法	均方差	相关系数
一元线性回归	34.87	0.87
多元线性回归	32.32	0.90

对比发现，多元线性回归比单特征的预测要可靠得多。因此，可以采用多元线性回归模型对各种污染物的质量浓度进行预测。

3.5 展望和计划

3.5.1 空气污染指数预测

空气污染指数(air pollution index,API)是将常规监测的几种空气污染物质量浓度简化成单一的概念性指数数值形式,并分级表征空气污染程度和空气质量状态。

API 的计算公式如下:

$$I_i = \frac{C_i - C_{i,j}}{C_{i,j+1} - C_{i,j}}\left(I_{i,j+1} - I_{i,j}\right) + I_{i,j} \tag{3-16}$$

式中,I_i 为第 i 种污染物对应的污染分指数;C_i 为第 i 种污染物的质量浓度值;$I_{i,j+1}$ 为第 i 种污染物 $j+1$ 转折点的污染分项指数值;$C_{i,j}$ 为第 j 转折点上第 i 种污染物的质量浓度值;$C_{i,j+1}$ 为第 $j+1$ 转折点上第 i 种污染物的质量浓度值。

计算出各种污染参数的污染分指数以后,取最大者为该区域或城市的空气污染指数 API:

$$API = \max\left(I_1, I_2, \cdots, I_n\right) \tag{3-17}$$

可利用 BP 神经网络模型并根据各污染物的质量浓度对污染指数进行预测,然后再进行污染等级的分类,可以用不同的颜色进行不同污染等级的标注,得出地区的污染状况分布图。

3.5.2 未来各种污染物质量浓度预测

首先对各种污染物数据进行平稳性检验,然后对时序数据进行绘图,观察其变化趋势。对 2014 年和 2015 年的 $PM_{2.5}$ 质量浓度值进行绘图,如图 3-8 所示。

利用深度学习模型、时间递归神经网络 RNN 并结合长短记忆模型(long short term memory,LSTM)对一年中 $PM_{2.5}$ 的数据进行训练,然后利用前 11 个月的 $PM_{2.5}$ 质量浓度值对第 12 个月的 $PM_{2.5}$ 质量浓度值进行预测,检验模型的准确性。

(1)由多元回归分析得出,$PM_{2.5}$ 的质量浓度与 SO_2 具有弱相关关系,并呈正相关分布,与 NO_2 具有相关关系,并呈正相关分布,与 O_{3-8h} 具有弱相关关系,并呈负相关分布,与 CO 具有强相关关系,并呈正相关分布。

(2)模型的预测值与实际值的相关系数为 0.90,呈强相关关系,说明模型能够用于对 $PM_{2.5}$ 质量浓度的预测。

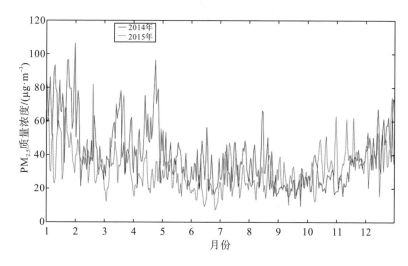

图 3-8 2014 年和 2015 年 PM$_{2.5}$ 质量浓度的变化

下篇 攀枝花市大气颗粒物的地球化学特征

大气颗粒物的比表面积大，来源广，地区特性很强，是大气环境中化学组成最复杂、危害最大的污染物之一。更好地了解大气颗粒物的地球化学特征是有针对性地开展矿业城市颗粒物污染防治工作的前提和基础。

钒钛磁铁矿在开采、粉碎、装卸、运输、冶炼及废石和尾矿的长期露天堆存过程中都会产生大量携带重金属的大气颗粒物，包括大气尘(空气动力学直径大于 10μm)和可吸入大气颗粒物(PM_{10}、$PM_{2.5}$、PM_1，以及粒径更小的大气颗粒物)。大气颗粒物中的重金属，当其质量分数超标会引发生态环境和人体健康风险，已成为矿业城市环境和人类健康最重要的威胁之一。已有研究结果表明，攀枝花市矿业活动区大气颗粒物中重金属的含量很高，特别是 V、Ti、Fe 等与攀枝花市矿业活动有关的重金属元素含量特别高，是成都经济区和其他城市的数倍到十余倍，对城市大气造成严重污染，直接影响人们的健康。要提高钒钛磁铁矿区城市生态环境质量，就必须严格加强对大气颗粒物污染的治理，需要对其理化特性进行深入研究。研究的主要内容包括以下方面：大气颗粒物的物理化学性质(包括粒径分布、矿物组成、显微形貌、化学成分等)、来源解析，以及对人体健康、土壤环境质量及生态危害效应的影响等。通过对近地表大气尘物理化学性质的分析，可以推断其物质源区、环境迁移转化机理及生态环境效应等。由于自然来源及人为污染源的不同及区域环境的差别，大气尘的化学成分和矿物组成存在明显的空间变异性，特别是对于人为污染严重的区域，所得出的结果具有明显的区域性差别。

本篇分析攀枝花市大气颗粒物(近地表大气尘和可吸入颗粒物)的地球化学特征及其来源解析。

第4章 攀枝花市近地表大气降尘的地球化学特征

大气降尘的沉降通量反映了颗粒物的质量浓度水平，指示了土壤、大气等近地表环境污染的状况。研究大气降尘的时空分异特征及其影响因素，可以让我们更有效地治理环境，同时降低降尘所造成的空气污染，从而达到改善生态环境的目的。本章内容主要对攀枝花市大气降尘沉降通量的时空分布特征及其影响因素进行研究。

4.1 近地表大气降尘的物理特性

4.1.1 降尘沉降通量及其时空分异特征

大气降尘沉降通量是指单位时间落在单位面积上的地表沉降颗粒物的质量，是定量描述大气降尘特性的基本参数。沉降通量的计算方法如下：大气降尘直接收集在容器表面，如金属锅、充满液体的有涂层或无涂层的玻璃纤维过滤容器、润滑表面、水面，通过降尘质量、接收装置的表面积与采样周期可以计算出沉降通量，沉降通量的单位采用国标用法$[g/(m^2 \cdot d)]$，计算公式如下：

$$M - \frac{W}{SD}$$

式中，M 为沉降通量，$g/(m^2 \cdot d)$；W 为降尘质量，g；S 为根据降尘采样桶上口内径计算得到的降尘接收面积，m^2；D 为采样的天数，d。

本书收集了攀枝花市环保局 2013 年 1 月～2015 年 12 月在 7 个不同功能区大气降尘观测站的逐月沉降通量数据，对其进行统计分析，结果见表 4-1。

2013～2015 年攀枝花市降尘沉降通量年平均值分别为$(24.80\pm23.68)\,t/(km^2 \cdot mon)$、$(23.07\pm11.42)\,t/(km^2 \cdot mon)$ 和$(30.22\pm19.83)\,t/(km^2 \cdot mon)$（表 4-2）。人们通常用沉降通量（即降尘量）来判断大气的清洁度。一般降尘量达到每月每平方千米 30t 为中度大气污染，降尘量达每月每平方千米 50t 以上为重度大气污染，降尘量超过每月每平方千米 100t，就是严重大气污染。据此，攀枝花市的降尘量接近中度污染水平。

表4-1　2013~2015年攀枝花不同功能区季节性沉降通量统计值

单位：g/(m²·d)

功能区	2013年					2014年					2015年				
	冬	春	夏	秋	年均值	冬	春	夏	秋	年均值	冬	春	夏	秋	年均值
焦化区	2.83	1.49	1.19	1.10	1.81	1.00	1.54	0.93	1.00	1.12	1.23	1.09	2.22	2.02	1.64
选矿区	1.67	0.88	0.84	0.84	1.06	0.71	0.66	1.06	0.84	0.82	1.26	0.85	1.46	1.90	1.37
采矿区	0.97	0.25	1.12	1.11	0.86	0.67	1.01	0.86	0.62	0.79	0.77	0.86	0.53	0.72	0.72
耐材区	1.33	0.40	0.36	1.00	0.77	0.50	0.82	0.79	0.79	0.73	0.94	0.82	1.47	1.14	1.09
钛白粉厂	0.52	0.25	0.71	0.37	0.46	0.60	0.62	0.55	0.37	0.54	0.50	0.33	0.61	0.43	0.47
矿山生活区	0.93	0.73	0.52	0.88	0.77	0.55	0.83	0.68	0.58	0.66	0.63	0.74	0.58	0.62	0.64
生活区	0.47	0.22	0.30	0.42	0.35	0.50	0.38	0.46	0.52	0.47	0.49	0.31	0.34	0.42	0.39

注：①12月、1月、2月代表冬季，3月、4月、5月代表春季，6月、7月、8月代表夏季，9月、10月、11月代表秋季，年均值为12个月的平均值；②清洁区为仁和区农业种植区，矿山生活区为工矿业区的生活区。

表 4-2　降尘沉降通量的描述性分析

年份	采样点 N	样品量 /个	最大值/ [t·(km²·mon⁻¹)]	最小值/ [t·(km²·mon⁻¹)]	平均值/ [t·(km²·mon⁻¹)]	标准偏差
2013	7	84	142.00	5.73	24.80	23.68
2014	7	84	89.90	9.33	23.07	11.42
2015	7	84	101.10	7.71	30.22	19.83

表 4-3 比较了本书获得的攀枝花市降尘沉降通量与文献报道的我国其他城市或地区的降尘沉降通量。结果表明，攀枝花市的降尘沉降通量显著高于我国其他城市或地区的降尘沉降通量，突出了工矿业活动对当地大气环境的影响。

表 4-3　我国部分城市或地区大气降尘量　　　　　　单位：t/(km²·mon)

地区	采样时间	样品量/个	降尘量(平均值)	数据来源
攀枝花	2013.1~2013.12	84	172.51	本书
攀枝花	2014.1~2014.12	84	141.74	本书
攀枝花	2015.1~2015.11	84	133.62	本书
平顶山	2011.1~2011.12	60	8.87	李世景，2012
柴河流域	2010.4~2011.3	48	28.31	葛平等，2012
山西某焦化基地	2015.4~2016.4	48	11.66	陈晨，2017

4.1.2　降尘的时空分异特征

运用 ArcGIS 软件，通过反距离加权插值法得到攀枝花市降尘沉降通量的空间分布图，如图 4-1 所示。通过对不同功能区降尘沉降通量的分析，总结出其在空间和时间上的变化特征。

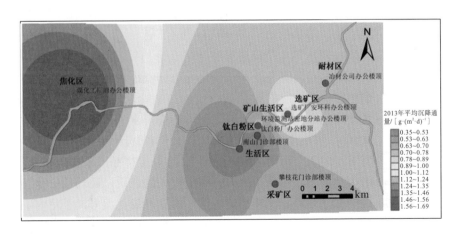

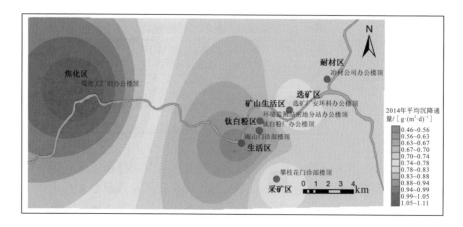

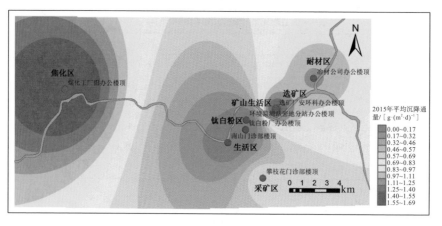

图 4-1　2013～2015 年攀枝花市不同功能区的沉降通量空间分布图

结果表明，受工矿业活动、地形、气象等因素的影响，攀枝花市降尘沉降通量具有显著的空间分布特征，即焦化区的沉降通量最大，生活区最小，焦化区的沉降通量为生活区的 2～12 倍，其他区依次为选矿区＞采矿区＞耐材区＞矿山生活区＞钛白粉厂。

2013 年以来，攀枝花市降尘沉降通量整体呈上升趋势，但各观测点沉降通量的变化趋势不一致。观测点沉降通量季节变化的总体特征为冬、春季降尘沉降通量大，而夏、秋季相对较低，但差异并不大。

为了深入研究攀枝花市大气降尘的地球化学特征及生态环境效应，在攀枝花市河门口片区、攀钢片区(焦化厂)、炳草岗片区、仁和片区(生活区)、瓜子坪片区、清香坪片区及西郊区 7 个不同区域采集的 92 件降尘样品，采样分布如图 4-2 所示。将样品带回实验室后，用镊子除去样品中较大的杂质，用玛瑙研钵进行磨样，全部过 200 目的尼龙筛后，将样品装入聚乙烯样品袋并编号，于室内干燥的条件下保存，待用。

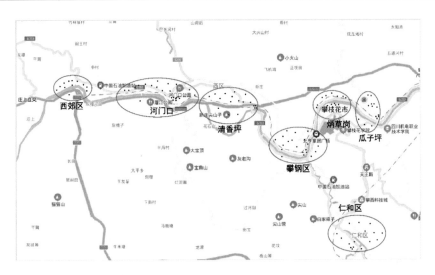

图 4-2　攀枝花地区大气降尘采样分布图

4.1.3　大气降尘的粒度分布特征及环境意义

大气降尘的粒度直接影响空气质量，粒度的大小可以决定其能否被人体直接吸收，降尘的沉降速率又受粒度大小的影响，并且粒度的分布与重金属的含量和形态也有密切关联（奚晓霞等，2002）。用马尔文 3000 激光粒度仪分析了攀枝花市大气降尘的粒度特征，分析结果见表 4-4 和图 4-3。

表 4-4　攀枝花市各采样点降尘粒度参数

样品	0～2.5μm	2.5～10μm	10～50μm	50～100μm	>100μm	$D[3, 2]$/μm	$D[4, 3]$/μm	δ
P052	2.06	17.99	55.85	18.13	5.99	14.90	40.20	0.97
D014	2.24	22.10	60.70	10.84	4.12	13.10	35.90	1.14
XP005	2.60	23.51	62.08	9.66	2.11	12.30	28.40	0.88
P002	2.25	10.05	52.94	27.12	7.63	18.70	51.20	0.77
XP001	2.30	18.30	62.74	13.93	2.74	14.00	32.60	0.79
P009	4.09	29.47	59.25	6.39	0.83	10.10	22.10	0.81
P040	3.43	25.32	55.05	11.91	4.29	11.50	32.00	1.10
P045	3.11	23.83	60.91	10.11	2.02	11.80	27.90	0.86
P025	2.87	19.12	64.00	11.20	2.83	13.10	32.10	0.88
P031	3.62	24.24	60.86	9.02	2.28	11.30	27.50	0.89
P017	2.66	22.27	65.34	8.74	1.00	12.40	25.90	0.74
PGD18	2.40	11.85	62.00	20.01	3.76	16.50	39.30	0.71

注：$D[4,3]$ 为平均粒径；$D[3,2]$ 为中值粒径；δ 为标准偏差。

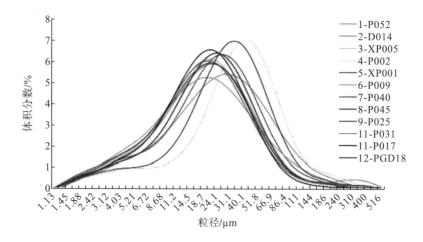

图 4-3　攀枝花市大气降尘粒度分布曲线

参照大气颗粒物的划分标准，将攀枝花市大气降尘分为 0~2.5μm、2.5~10μm、10~50μm、50~100μm、大于 100μm。从表 4-4 和图 4-3 可以看出，攀枝花市各采样点降尘的粒度主要分布在 10~50μm，占比为 52.94%~65.34%；另外 2.5~10μm 颗粒物的占比为 10.05%~29.47%，0~2.5μm 颗粒物的占比为 2.06%~4.09%，说明攀枝花市大气降尘的粒径较细。中值粒径变化范围为 10.10~18.70μm。降尘粒度的平均值可反映出空气沉积介质的平均动能，一般高能条件下沉积粗颗粒，反之为细颗粒(端木合顺，2005)。攀枝花市大气降尘的平均粒径为 22.10~51.20μm，说明攀枝花地区空气的平均动能多以低能环境为主，风动力条件不足，因此降尘颗粒物表现出平均粒径较细的特点。

城市风动力条件和污染源是影响城市大气降尘分选性的两个因素(端木合顺，2005)。当人为污染源较稳定且风动力条件不足时，大气降尘的颗粒物较均匀，从而表现出分选性较好的特性；当风动力条件充足时，远距离的粗颗粒随风传送，替代一部分人类活动产生的污染物，从而表现出分选性较差的特性。按照表 4-5 分级标准，在分选性中等和分选性较差范围内，分选性中等的采样点主要位于攀枝花河门口、炳草岗、攀钢、清香坪等片区，受矿山开采、冶炼、燃煤等多个较稳定污染源的影响，风动力条件一般，降尘颗粒物分布较均匀，从而表现出降尘分选性中等的特性；其中分选性较差的样点位于攀枝花市的居民区，主要受建筑扬尘和土壤尘的影响，从而表现出分选性较差的特性。

前人的研究结果表明，大气中粒度大于 2μm 的颗粒物为原生粒子或一次粒子，主要来源受风力和人为活动的影响；粒径小于 2μm 的细颗粒为二次粒子，主要是通过一些化学反应转化而来(刘斐等，2000)。从表 4-5 可以看出，攀枝花市大气降尘中大于 2μm 的颗粒物超过 95%，小于 2μm 的颗粒物低于 5%，说明攀枝花市大气降尘的主要来源为人为污染。

表 4-5　粒度分选性等级表

分选性	标准偏差
分选性极好	<0.35
分选性好	0.35~0.50
分选性较好	0.50~0.71
分选性中等	0.71~1.00
分选性较差	1.00~2.00
分选性差	2.00~4.00
分选性极差	>4.00

4.1.4　大气降尘的矿物组成

大气降尘的矿物组成不同，其重金属元素含量也不同，大气降尘的矿物组成复杂，与其物质来源密切相关，因此研究降尘的矿物组成对探寻大气降尘的来源具有重要作用。本书采用 DX-2700X 射线衍射仪测量并分析攀枝花市大气降尘样品的矿物组成，分析结果见表 4-6。

表 4-6　攀枝花市大气降尘矿物组分 (%)

样品	石英	长石	石膏	白云石	方解石	铁矿物	钛矿物
P002	14.9	27.4	26.9	4.1	9.1	17.6	—
P009	29.8	—	18.8	—	22.7	28.7	—
P011	27.3	17.3	12.4	13.3	10.1	14.8	4.7
P017	32.3	6.1	15.1	7.8	13.9	24.8	—
P025	20.8	25.8	27.8	7.3	3.8	14.5	—
P031	25.2	25.4	24.3	—	8.7	16.4	—
P040	21.3	25.5	13.1	—	7.6	32.5	—
P045	26.5	22.3	17.6	8.4	10.8	14.3	—
P052	43.3	—	25.4	6.9	14.1	10.3	—
P055	19.3	32.3	11.5	5.8	21.6	9.5	—
D014	37.2	13.5	14.6	8.8	14.4	8.6	2.8
XP001	31	18.9	21.7	6.2	8.3	13.9	—
XP005	26.2	18.8	24.5	9.5	8.7	12.3	—

从表 4-6 可以看出,攀枝花市大气降尘的矿物组分较复杂,含有石英、长石、石膏、白云石、方解石、铁矿物及钛矿物等,其中石英含量最高,长石和石膏含量次之,方解石和白云石等碳酸盐矿物含量最少,有的样品铁矿物含量较高,还有的样品含有一些钛矿物。其中,铁矿物含量较高的样品采样点位于攀钢区(P009)、瓜子坪(P017)和炳草岗(P040),含量分别为 28.7%、24.8%、32.5%,这与这些片区的矿山开采、选矿活动及工业冶炼等密切相关;铁矿物含量较少的样品为 P055(9.5%)和 D014(8.6%),其采样点分别位于仁和区和河门口片区,由于远离矿业活动及工业冶炼,受影响较小。

为了进一步研究攀枝花市不同片区大气降尘矿物组分的变化特点,将所测样品分为河门口、清香坪、攀钢区、炳草岗、瓜子坪及仁和区 6 个不同区域,计算出各个片区主要矿物的平均含量,结果见表 4-7 和图 4-4。

表 4-7　攀枝花市不同片区大气降尘矿物组分(%)

片区	石英	长石	石膏	白云石	方解石	铁矿物
河门口	40.25	13.50	20.00	7.85	14.25	9.45
清香坪	24.03	21.70	24.37	6.60	8.70	14.60
攀钢区	28.55	17.30	15.60	13.30	16.40	21.75
炳草岗	24.33	24.40	18.33	8.40	9.03	21.07
瓜子坪	26.55	15.95	21.45	7.55	8.85	19.65
仁和区	19.30	32.30	11.50	5.80	21.60	9.50

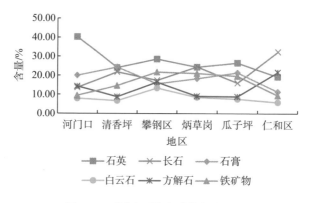

图 4-4　不同片区降尘矿物组分对比

从表 4-7 和图 4-4 可以看出,攀枝花市不同片区矿物组成的平均含量相差较大,石英在各片区的含量普遍较高,长石、石膏及铁矿物次之,白云石与方解石含量最低。河门口片区的石英含量最高,石膏次之,含量最低的为白云石;清香坪片区的石英和石膏含量最高,长石次之,白云石含量最低;攀钢区的石英含量最高，铁矿物次之，含量最低的是白云石；炳草岗片区的石英和长石含量最高，次之为铁矿物和石膏，方解石和白云石含量最低；瓜子坪片区的石英含量最高，石膏和铁矿物次之，含量最低的为方解石和长石；仁和区的长石含量最高，方解石和石英次之，含量最低的为白云石。

4.2　大气降尘的化学组成特征

4.2.1　大气降尘水溶性离子的特征

明确降尘的离子成分有助于了解大气的污染程度及其对地表水和降水的影响，研究区各采样点降尘样品中离子的质量分数见表 4-8。

表 4-8　各采样点水溶性离子质量分数统计(n=92)

离子	质量分数				
	平均值	标准偏差	最小值	最大值	中位数
F^-	6.47×10^{-6}	4.14×10^{-6}	8.71×10^{-7}	2.86×10^{-5}	5.93×10^{-6}
Cl^-	2.70×10^{-5}	1.34×10^{-5}	8.57×10^{-6}	6.99×10^{-5}	2.41×10^{-5}
NO_3^-	3.58×10^{-5}	1.59×10^{-5}	1.56×10^{-5}	1.44×10^{-4}	3.42×10^{-5}
SO_4^{2-}	5.42×10^{-4}	2.98×10^{-4}	5.83×10^{-5}	1.38×10^{-3}	4.79×10^{-4}
Na^+	1.75×10^{-5}	1.83×10^{-5}	0.50×10^{-6}	1.32×10^{-4}	1.40×10^{-5}
NH_4^+	3.21×10^{-5}	2.92×10^{-5}	2.99×10^{-6}	1.61×10^{-4}	2.36×10^{-5}
K^+	2.15×10^{-5}	1.67×10^{-5}	5.24×10^{-6}	9.24×10^{-5}	1.64×10^{-5}
Ca^{2+}	2.50×10^{-4}	1.11×10^{-4}	6.16×10^{-5}	4.92×10^{-4}	2.25×10^{-4}
Mg^{2+}	2.46×10^{-5}	1.39×10^{-5}	1.86×10^{-6}	7.45×10^{-5}	2.33×10^{-5}

注：n 为样品个数。

以表 4-8 可以看出，SO_4^{2-}、Ca^{2+}对降尘水溶性组分的贡献率相对较大，SO_4^{2-}的质量分数最大，平均值为 5.42×10^{-4}，Ca^{2+}次之，平均值为 2.50×10^{-4}；相比之下，NO_3^-、NH_4^+、Cl^-、Mg^{2+}、K^+、Na^+等离子的质量分数较前两者小，但仍具有较高水平，其中 NO_3^- 的质量分数最大，平均值为 3.58×10^{-5}，Na^+的质量分数最小，平均值为 1.75×10^{-5}；所有离子中，F^-的质量分数最小，平均值为 6.47×10^{-6}。水溶性离子中 F^-的含量通常都很低，因为燃煤排放的 F^-通常生成不溶的 SiF_4(Malea et al.，1995)，所以国内外对其研究很少。SO_4^{2-}、NO_3^-、NH_4^+分别是由其气态物质 SO_2、NO_x 和 NH_3 转化而来的二次离子，由表可知，SO_4^{2-}、NO_3^- 的质量分数较大而 NH_4^+ 的质量分数较小，说明攀枝花地区大气中 SO_2、NO_x 的二次污染严重，而 NH_3 的二次污染较弱。由于 SO_4^{2-}、NO_3^-、Cl^-这 3 种离子是大气降尘中的致酸性离子，而 NH_4^+是主要的致碱性离子，相比较而言，前 3 种离子的质量分数较大而 NH_4^+的质量分数较小，说明研究区大气降尘组分呈酸性。对于贡献率较大的 SO_4^{2-}、Ca^{2+}两种离子而言，SO_4^{2-}的最大值约为 Ca^{2+}的 10 倍，SO_4^{2-}的平均值约为 Ca^{2+}的 2 倍，而 Ca^{2+}的最小值又大于SO_4^{2-}最小值，说明研究区内 Ca^{2+}的污染较SO_4^{2-}更普遍，而 SO_4^{2-}的空间变异大，局部地区存在 SO_4^{2-}的一些高污染源。

研究表明，大气颗粒物中 NO_x 与 SO_x 的质量比大于 1，以移动排放源污染 (汽车尾气等) 为主，小于 1 则以固定排放源污染 (燃煤等) 为主 (Xiao et al., 2004; Wang et al., 2006)。通过分析计算 NO_3^-与 SO_4^{2-}的质量比为 0.11，小于国内其他城市 NO_3^- 与 SO_4^{2-} 的质量比，如河南平顶山市为 0.12 (刘章现等，2011)、云南丽江市为 3.98 (张宁宁等，2011)、山东青岛市为 2.30 (张岩等，2013)、陕西西安市为 0.41 (沈振兴等，2009)；但也大于一些地区的质量比，如国道黄石—武汉地区为 0.06 (张家泉等，2014)。这说明攀枝花地区大气降尘中水溶性离子的污染源以固定排放源污染为主。

4.2.2 水溶性阴阳离子酸碱平衡

大气颗粒物的酸碱性可能对降水的酸性起中和作用，也可能会引起降水的酸化，因此其对降水的 pH 及地表水和土壤酸化具有很重要的影响 (沈振兴等，2007)。通过阴阳离子平衡计算来分析攀枝花市大气降尘的酸碱性，阴阳离子的离子平衡公式如下：

$$C_1 = \frac{W(NH_4^+)}{18} + \frac{W(K^+)}{39} + \frac{W(Mg^{2+})}{12} + \frac{W(Ca^{2+})}{20} + \frac{W(Na^+)}{23} \tag{4-1}$$

$$C_2 = \frac{W(SO_4^{2-})}{48} + \frac{W(NO_3^-)}{62} + \frac{W(Cl^-)}{35.5} + \frac{W(F^-)}{19} \tag{4-2}$$

式中，C_1、C_2 分别为单位质量样品中阴、阳离子的电荷量，mol/g。

阴离子、阳离子组分的离子平衡分析如图 4-5 所示。

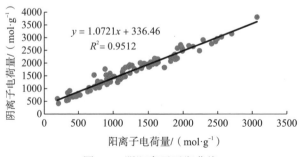

图 4-5 阴阳离子平衡曲线

从图 4-5 可以看出，阴阳离子间的相关系数为 0.96，具有较好的相关性，说明所分析的离子能代表大气降尘样品中的水溶性组分。阴阳离子平衡方程的斜率为 1.07，大于 1，表明大气降尘中阳离子相对亏损，说明攀枝花地区大气降尘的组分偏酸性，与前面的数据分析结果吻合。由于矿山开采和工业冶炼等污染气体的大量排放，研究区的大气环境受到很大影响，相关部门应采取有效措施，尽量减少雨水和土壤酸化对生物和人体带来的危害。

水溶性离子的相关性分析：降尘中水溶性离子间的相关性分析不仅能指示离子间的结合方式，而且能有效地指示降尘中离子的相同物质来源或迁移途径(沈振兴等，2007)。利用 SPSS 对样品中的阴阳离子组分进行相关性分析，结果见表 4-9 和图 4-6。

表 4-9　各采样点水溶性离子的相关系数

离子	Na^+	NH_4^+	K^+	Ca^{2+}	Mg^{2+}	F^-	Cl^-	NO_3^-	SO_4^{2-}
Na^+	1								
NH_4^+	0.078	1							
K^+	0.438**	0.179	1						
Ca^{2+}	0.056	0.490**	0.147	1					
Mg^{2+}	0.449**	0.455**	0.658**	0.503**	1				
F^-	0.081	0.098	-0.013	0.404**	0.265**	1			
Cl^-	0.447**	0.055	0.712**	0.191	0.603**	0.423**	1		
NO_3^-	0.352**	0.192	0.433**	0.143	0.269**	0.02	0.485**	1	
SO_4^{2-}	0.125	0.486**	0.136	0.879**	0.545**	0.331**	0.225*	0.18	1

注：**表示在 0.01 的显著性水平上显著相关；*表示在 0.05 的显著性水平上显著相关。

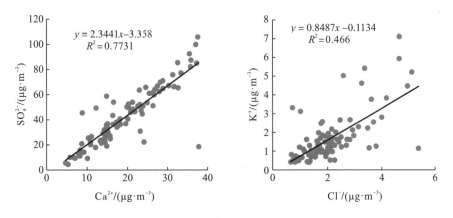

图 4-6　SO_4^{2-} 与 Ca^{2+}、Cl^- 与 K^+ 的相关性

　　由表 4-9 可知，从相关系数上来说 SO_4^{2-} 与 Ca^{2+} 是所有离子中相关性最好的两类离子，相关系数为 0.879，说明两者具有相同的来源。在 0.01 的显著性水平上，SO_4^{2-} 与 Ca^{2+} 的相关性较高，相关系数为 0.879；SO_4^{2-} 与 Mg^{2+} 中度相关，相关系数为 0.545；SO_4^{2-} 与 NH_4^+ 中度相关，相关系数为 0.486。这说明攀枝花市大气降尘中的硫酸盐主要以 $CaSO_4$ 的形式存在，$MgSO_4$ 次之，$(NH_4)_2SO_4$ 最少。前人的研究表明，在大气中如果 NH_4^+ 和 SO_4^{2-} 的电荷质量浓度比值为 1，则两者以 $(NH_4)_2SO_4$ 的方式结合；如果 NH_4^+ 与 SO_4^{2-} 的电荷质量浓度比值大于 0.5 且小于 1，则两者以 $(NH_4)_2SO_4$ 和 NH_4HSO_4 的方式结合；如果两者的电荷浓度比值大于 1，则说明大气中的 NH_4^+ 有多余，而多以 NH_4NO_3 的形式存在 (Fridlind et al.，2000)。通过分析计算本书中 NH_4^+ 和 SO_4^{2-} 的电荷质量浓度比值为 0.8，说明研究区大气中以 $(NH_4)_2SO_4$ 和 NH_4HSO_4 的方式结合。研究认为，K^+ 与生物质燃烧有关 (Arimoto et al.，1996)，Mg^{2+} 多来自地面扬尘且内陆城市的 Cl^- 主要来自燃煤 (Wang et al.，2005)，其中 Cl^- 与 K^+、Mg^{2+} 也具有较好的相关性，说明降尘中 KCl 和 $MgCl_2$ 也具有较大的质量分数，并且其来源复杂。

4.2.3　大气降尘中重金属的分布特征

　　大气降尘中重金属的含量：采用 ICP-MS 分析了攀枝花市大气降尘样品 (共 92 个) 中 As、Cd、Cr、Cu、Ni、Pb、V、Zn 等元素的含量，结果见表 4-10。

表 4-10　重金属元素分析结果 (n=92)　　　　　　　　　　（单位：μg/g）

数据	As	Cd	Cr	Cu	Ni	Pb	V	Zn
最大值	117	2.4	766	939	190.6	2874	3816	3799
最小值	11	0.3	107	45	21.4	46	174	230
平均值	23	1.1	408	152	61.4	293	1471	861
中值	22	1.1	378	132	62.1	230	1352	811
标准差	12	0.4	166	107	24.1	333	842	440
四川土壤背景值	10.4	0.079	79.0	31.1	32.6	30.9	96.0	86.5

注：n 表示样品个数。

　　分析结果表明，各采样点大气降尘中重金属元素之间的含量相差较大。As 含量为 11～117μg/g，平均值为 23μg/g，最大值与最小值相差 10 倍，平均值为四川土壤背景值的 2 倍，这应该与攀枝花地区的矿业开采和冶炼厂等工业污染有关。Cd 含量为 0.3～2.4μg/g，平均值为 1.1μg/g，Cd 的主要来源为工农业生产，其最大值与最小值相差 8 倍，平均值为四川土壤背景值的 10 多倍，这也与攀枝花地区配套的工业活动有关。Cr 含量为 107～766μg/g，平均值为 408μg/g，其平均值为四川土壤背景值的 5 倍。Cr 的主要污染来源为电镀、电池和不锈钢等工业生产，攀枝花地区有大型的攀钢工业生产基地，产生的 Cr 废弃物对环境质量的影响较大。Cu 含量为 45～939μg/g，平均值为 152μg/g，其最大值是最小值的 20 多倍，平均值远高于四川土壤背景值。Cu 的污染主要与采矿、废水废气的排放等人为因素有关，攀枝花市作为一座典型的矿业城市，其矿业的开采、工厂的冶炼及废弃物质的排放等，使得环境中 Cu 的含量远远超标。Ni 含量为 21.4～190.6μg/g，平均值为 61.4μg/g，是四川土壤背景值的 2 倍；Pb 含量为 46～2874μg/g，平均值为 293μg/g；V 含量为 174～3816μg/g，平均值为 1471μg/g；Zn 含量为 230～3799μg/g，平均值为 861μg/g。其中，V、Pb、Zn 的平均值均高于四川土壤背景值 10 多倍，Pb 的主要污染为工厂冶炼及汽车轮胎磨损等，Zn 的主要污染来源为矿石开采、冶炼及燃煤等，攀枝花地区有著名的钒钛磁铁矿及攀钢和攀煤等集团公司，其矿业活动及工业生产等对环境中重金属含量的增加具有重要影响。

　　城市的不同片区因其城市功能、工业分布等条件不同，其大气环境也不同，因此大气降尘中重金属的含量也不相同。为了进一步研究攀枝花不同片区重金属元素含量的分布特点，将样品分为仁和区、瓜子坪、炳草岗、攀钢、清香坪、河门口及西郊区 7 个不同片区，结果见表 4-11 和图 4-7。

表 4-11　攀枝花不同片区降尘重金属含量　　　　　　单位：μg/g

片区		As	Cd	Cr	Cu	Ni	Pb	V	Zn
仁和区	最大值	23.8	1.4	183	142	64	296	311	828
	最小值	15.0	1.1	173	119	54	227	284	552
	平均值	19.0	1.3	178	127	61	260	294	693
瓜子坪	最大值	116.8	1.3	665	359	95	495	2986	1116
	最小值	15.3	0.7	463	107	63	151	1524	543
	平均值	33.5	0.9	575	186	76	265	2323	874
炳草岗	最大值	25.7	2.1	766	240	78	1391	3816	1064
	最小值	17.5	0.9	481	118	58	194	1982	626
	平均值	21.5	1.2	609	163	66	406	2593	846
攀钢区	最大值	57.7	1.4	726	431	104	527	3362	2365
	最小值	20.2	1.0	360	107	56	216	1039	800
	平均值	31.4	1.2	484	241	72	379	1816	1116
清香坪	最大值	30.7	2.4	650	173	191	509	1574	1315
	最小值	18.1	0.8	263	100	33	136	890	573
	平均值	23.4	1.3	388	127	69	273	1287	779
河门口	最大值	24.5	2.4	314	110	58	531	1415	1697
	最小值	17.2	0.9	180	61	25	115	487	534
	平均值	20.6	1.2	229	84	45	190	696	741
西郊区	最大值	23.9	0.9	409	95	65	102	1011	768
	最小值	10.7	0.3	194	56	34	46	381	342
	平均值	15.7	0.6	286	77	44	79	586	502

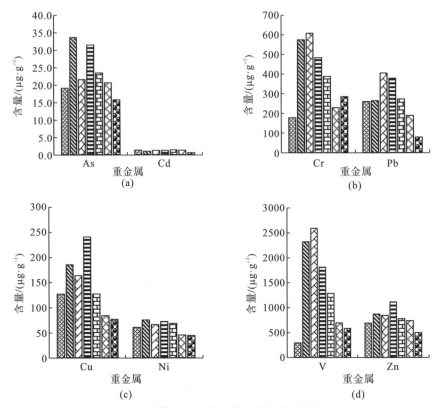

图4-7　攀枝花不同片区降尘重金属平均含量

⊠仁和区 ◹瓜子坪 ▤炳草岗 ▦攀钢区 ▥清香坪 ◪河门口 ■西郊区

从表4-11和图4-7可以看出，各重金属元素在不同区域的含量各有高低。其中，瓜子坪和攀钢区的As含量最高，西郊区最低，为15.7μg/g；Cd含量相差不大，清香坪和仁和区的含量最高，为1.3μg/g，西郊区含量最低，为0.6μg/g；Cr含量在各个片区有所不同，炳草岗＞瓜子坪＞攀钢区＞清香坪＞西郊区＞河门口＞仁和区，炳草岗含量最高，为609μg/g，仁和区含量最低，为178μg/g；Pb含量为炳草岗＞攀钢区＞清香坪＞瓜子坪＞仁和区＞河门口＞西郊区，其中炳草岗的平均含量最高，为406μg/g，西郊区的含量最低，为79μg/g；Cu含量攀钢区最高，为241μg/g，西郊区含量最低，为77μg/g；Ni在各个片区的平均含量相差不大，瓜子坪含量最高，为76μg/g，西郊区含量最低，为44μg/g；V含量为炳草岗＞瓜子坪＞攀钢区＞清香坪＞西郊区＞仁和区，其中炳草岗的平均含量最高，为2593μg/g，仁和区的平均含量最低，为294μg/g；Zn含量为攀钢区最高，为1116μg/g，西郊区含量最低，为502μg/g，其他片区相差不大。

综上所述，各重金属在不同片区的含量有所差距，其中炳草岗、瓜子坪和攀钢片区的重金属含量普遍大于其他片区，清香坪和河门口次之，而仁和区和西郊区的重金属含量基本都低于其他片区。由于炳草岗的居民区和工业区相互交错，因此工业生产和交通车辆等对空气环境的影响很大；瓜子坪和攀钢区的矿业开采和矿产冶炼等对空气中的重金属含量也有重要影响；河门口片区由于有电厂的存在，大量燃煤产生的烟尘对大气降尘重金属含量有重要影响；而西郊区和仁和区相对于其他片区而言，其矿业冶炼和工业生产较少，因此大气降尘中的重金属含量较少，主要来自交通车辆的排放。鉴于攀枝花地区主要盛行西北风向，因此攀钢区上空的颗粒物随风传送至瓜子坪和炳草岗片区，导致瓜子坪和炳草岗片区的重金属含量高于攀钢片区。

4.2.4　大气降尘平均粒径与重金属含量

大气降尘平均粒径与重金属元素含量的关系并不总是一致的，存在异常值(谢玉静等，2008)。为了从整体上反映出攀枝花市大气降尘的平均粒径与重金属含量的关系，结合前面大气降尘的粒度和重金属含量数据，先将 12 个大气降尘样品的平均粒径分为各个区间，再计算出每个区间的平均粒径均值和 As、Cd、Cr、Cu、Ni、Pb、V、Zn 这 8 种重金属元素含量的总值，结果见表 4-12 和图 4-8。

表 4-12　各粒度区间粒径均值与重金属含量

平均粒径区间/μm	粒度均值/μm	重金属含量总值/(μg·g⁻¹)
22~26	24.00	8972.51
26~28	27.70	6856.26
28~32	30.20	7887.54
32~34	32.35	7201.20
34~40	37.60	7224.24
40~52	45.70	4312.37

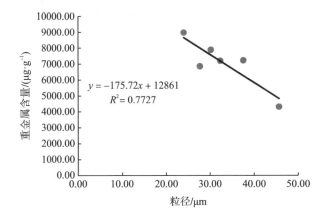

图 4-8　平均粒径与重金属含量

从表4-12和图4-8可以看出，攀枝花市大气降尘的平均粒径与As、Cd、Cr、Cu、Ni、Pb、V、Zn这8种重金属元素含量的总值之间存在一定的负相关关系，平均粒径越小，重金属含量的总值越大。因为降尘的粒径越小，其表面活性越强，所以对重金属的吸附能力越强。

4.2.5 重金属的赋存形态

大气降尘中重金属元素的赋存形态各有差异，并且不同形态的重金属元素的毒性、生物有效性及迁移累积特性等都有着明显的差异，因此重金属的形态分析是大气降尘研究中的重要部分(韩春梅等，2005)。本书采用多级提取(sequential extraction procedure，SEP)法对攀枝花市大气降尘中V、Cr、Ni、Cu、Zn、As、Cd、Pb这8种重金属的化学形态进行了分析。

采用SEP法(Kelley et al.，1995)研究大气中重金属的化学形态时，将大气颗粒物中的重金属分为4种化学形态：F1为可溶态与可交换态，可溶态与可交换态主要通过较弱的静电作用吸附在大气颗粒物的晶格表面，在发生离子交换作用时，其很容易从颗粒物的晶格表面脱离并进入环境中，从而被植被和人体吸收；F2为碳酸盐态、可氧化态与可还原态；F3为有机质、氧化物与硫化物结合态，这两种化学形态相对稳定，但在外界条件(如pH、氧化还原环境等)发生改变时容易转化，使重金属的生物有效性增加；F4为残渣态，残渣态非常稳定，不容易迁移或转化，对环境影响较小。前三种重金属的化学形态具有较强的可迁移性和生物有效性，因此称为生物可利用态(冯茜丹等，2008)。图4-9和表4-13分别为不同化学形态重金属的占比和含量。

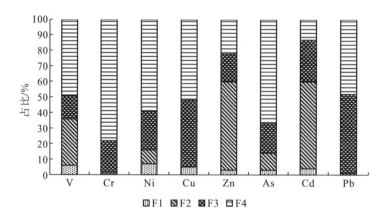

图4-9   重金属不同化学形态占比

表 4-13　不同化学形态重金属的含量(%)

形态	V	Cr	Ni	Cu	Zn	As	Cd	Pb
F1	0.06	0.01	0.07	0.05	0.03	0.03	0.04	0.00
F2	0.30	0.01	0.09	0.00	0.57	0.11	0.56	0.01
F3	0.15	0.20	0.25	0.43	0.18	0.19	0.27	0.51
F4	0.49	0.78	0.59	0.52	0.22	0.67	0.13	0.48

从表 4-13 和图 4-9 可以看出，攀枝花市大气降尘中 V、Cr、Ni、Cu、Zn、As、Cd、Pb 这 8 种重金属元素的 4 种化学形态的含量相差很大。残渣态(F4)所占比例最高，碳酸盐态、可氧化态与可还原态(F2)和有机质、氧化物与硫化物结合态(F3)所占比例次之，含量最少的为可溶态与可交换态(F1)。其中，V、Zn、Cd、Pb 这 4 种元素的生物可利用态(F1+F2+F3)的含量均大于 50%，特别是 Zn 和 Cd 的生物可利用态分别可达 78% 和 87%，说明这 4 种元素的可迁移性和生物有效性较高，对环境及人体的危害较大；而 Cr、Ni、Cu、As 这 4 种元素的残渣态含量较高，分别为 78%、59%、52%、67%，说明这 4 种元素相对而言不易迁移或转化，对环境和人体的潜在危害性比前几种重金属小，但也不容忽视。

4.2.6　重金属的相关性分析

利用 SPSS 软件对大气降尘中的重金属进行相关性分析，结果见表 4-14。

表 4-14　降尘中重金属的相关系数

重金属	As	Cd	Cr	Cu	Mn	Pb	V	Zn
As	1							
Cd	0.226*	1						
Cr	0.254*	0.072	1					
Cu	0.16	0.038	0.355*	1				
Mn	0.224*	0.052	0.902**	0.344**	1			
Pb	0.086	0.123	0.228*	0.760**	0.201	1		
V	0.135	0.101	0.906**	0.281**	0.905**	0.227*	1	
Zn	−0.01	0.041	−0.063	0.097	−0.133	0.023	−0.074	1

注：**表示在 0.01 的显著性水平上显著相关；*表示在 0.05 的显著性水平上显著相关。

从表 4-14 可以看出，攀枝花市大气降尘中重金属的相关性较好。其中，Cr 与 Mn、V 与 Cr、V 与 Mn 的相关系数最高，分别为 0.902、0.906、0.905，说明它们具有相同的污染来源。Pb 除与 Cu 的相关性较好外，与其他元素的相关性均较差。

4.3 攀枝花市大气降尘源解析

4.3.1 攀枝花市大气降尘的 SEM-EDX 分析

采用 X 射线衍射（X-ray diffraction，XRD）技术一般能对大气降尘中的主要矿物进行准确地分析，而利用 SEM-EDX（scanning electron microscope - energy dispersive X-ray spectrometer，扫描电子显微镜-X 射线能谱）方法能看清含量较少的矿物颗粒的微观形貌特征，可对 XRD 技术方法进行补充。

从图 4-10 和图 4-11 可以看出，由于样品来源于攀钢和密地煤矿炉膛燃烧，其可燃物质都已烧尽，而不可燃物在高温作用下将产生部分熔融状态物质而夹杂在高温尘中。同时由于不可燃物表面张力的作用，形成细珠状颗粒附在其渣状形态颗粒物表面，从而表现出颗粒物聚集、表面粗糙、明暗相间、形态复杂且不规则的特点。

图 4-10　攀钢降尘扫描电镜图　　　　图 4-11　密地煤矿降尘扫描电镜图

由于仁和区是攀枝花市居住条件最好的片区，离矿产开发和工业冶炼等较远，其降尘主要为交通尘。从图 4-12 可以看出，其颗粒物大小不均、质地较密，有的颗粒物表面较光滑，有规则的球状结构、块状结构和不规则且较松散的矿物集合体。从图 4-13 可以看出，该样品来自河门口煤厂附近，其大部分颗粒物表面粗糙、质地疏松，有薄片状结构、块状结构、球状结构及不规则的矿物集合体。炳草岗是攀枝花的核心片区，居住人口较多，商业发达。从图 4-14 可以看出，其颗粒物大小不均、表面粗糙、质地疏松，有表面较光滑的块状结构和片状结构的颗粒物，还有不规则的矿物集合体。

图 4-12　仁和区降尘扫描电镜图

图 4-13　河门口降尘扫描电镜图

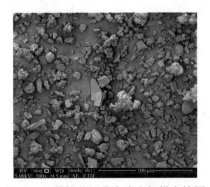

图 4-14　攀枝花炳草岗降尘扫描电镜图

图 4-15 和图 4-16 为攀枝花市大气降尘的微观形貌图。图 4-15(a)和图 4-15(b)为形态规则的球状颗粒，前者表面粗糙、质地疏松，后者表面较光滑、质地紧密，表面附着一些残渣状颗粒，这种球状结构的形态在样品测试中较多见；图 4-15(c)为块状颗粒，表面较光滑、棱角分明、质地紧密，在样品测试中较多见；图 4-15(d)为片状颗粒，其表面光滑、灰暗、质地紧密，棱角没有块状颗粒的突出，在样品测试中较多见；图 4-15(e)在测试中较少见，是由较规则的多边形单体聚集而成的

(a)

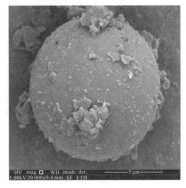

(b)

矿物集合体，质地紧密且表面平整、光滑、明亮；图 4-15(f) 为较少见的条柱状颗粒，形态规则，表面较光滑、质地紧密；图 4-15(g) 为层状结构的颗粒，表面较光滑、质地较紧密，有一些残渣片状的颗粒物附着于表面，在样品测试中较多见。

图 4-15　规则形态矿物颗粒

(a)

(b)

(c)

(d)

(e)

(f)

图 4-16 不规则形态矿物颗粒

　　图 4-16 为不规则形态的矿物颗粒,主要包括矿物单体和矿物集合体。图 4-16(a)中的颗粒表面具有明显的生长纹结构,质地紧密,表面明亮且不平整,在测试样品中较少见;图 4-16(b)中的颗粒表面粗糙,质地疏松,是由似渣状的矿物单体聚集而成的矿物集合体,在测试样品中较常见;图 4-16(c)中的颗粒形态复杂,其表面粗糙、明暗相间,是由珠状、细条状、似渣状及残块状组成的集合体,在测试样品中较少见;图 4-16(d)中的颗粒质地紧密,表面平整明亮、棱角突出,有很多似渣片状的物质有规律地附着在其侧面,在测试样品中较常见;图 4-16(e)中的颗粒质地疏松,表面粗糙,明暗相间,呈现出似渣残片形态,在测试样品中较常见;图 4-16(f)中的颗粒有许多似蚕食的孔,表面粗糙,质地疏松,在样品测试中较少见。

　　EDX 分析(图 4-17~图 4-26)结果表明,大气颗粒的组成元素主要有 Fe、O、Si、Al、K、Mg、Ca 等。

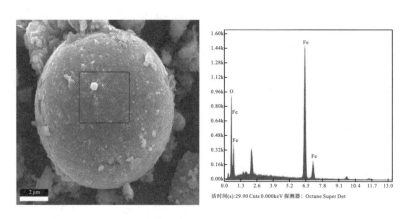

图 4-17　球状颗粒的 EDX 特征

图 4-18　块状颗粒的 EDX 特征

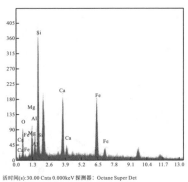

图 4-19　柱状颗粒的 EDX 特征

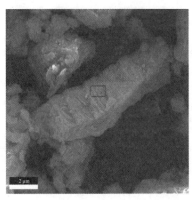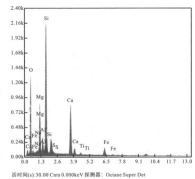

图 4-20　具有生长纹颗粒的 EDX 特征

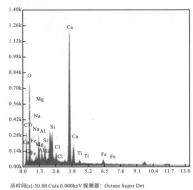

图 4-21　不规则颗粒的 EDX 特征

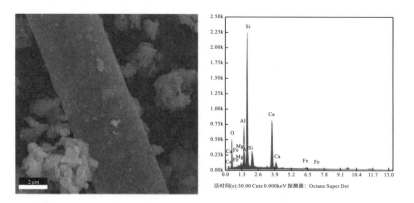

图 4-22 条柱状颗粒的 EDX 特征

图 4-23 不规则颗粒的 EDX 特征

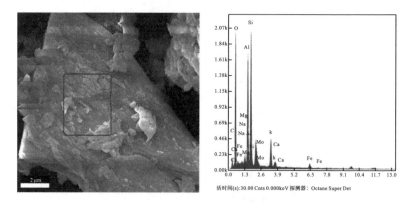

图 4-24 层状颗粒的 EDX 特征

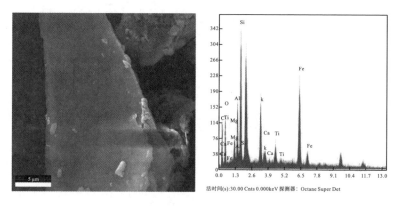

图 4-25　片状颗粒的 EDX 特征

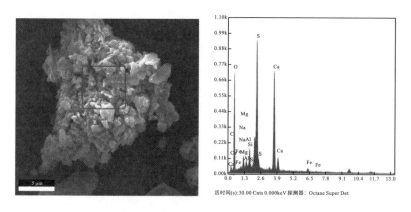

图 4-26　不规则颗粒的 EDX 特征

4.3.2　攀枝花市大气降尘富集因子分析

富集因子可反映人类活动对环境扰动的情况。计算公式为

$$EF = \frac{\left(\dfrac{C_i}{C_n}\right)_{样品}}{\left(\dfrac{C_i}{C_n}\right)_{背景}} \qquad (4\text{-}3)$$

式中，C_i 为重金属元素 i 在土壤或大气中的质量浓度；C_n 为参比元素在大气或土壤中的质量浓度。

在前人的研究中，一般选取 Sc（邓昌州等，2012）、Fe（黄顺生等，2008）、Al（Harb et al.，2015）、Mn（Yongming et al.，2006）等元素作为参比元素，因为这些元素的化学性质稳定且抗风化能力强。本书选取 Sc 作为参比元素。

根据富集因子的值可以判别降尘中某种元素的来源，本书采用 Sutherland (2000) 划分的评价标准，根据富集因子，将元素的富集程度分为 5 个标准，见表 4-15。

表 4-15　富集因子分级表

EF 值	富集程度	污染级别
<2	<1 为无富集；1～2 为轻微富集	1
2～5	中度富集	2
5～20	显著富集	3
20～40	强烈富集	4
>40	极强富集	5

富集因子法解析攀枝花市大气降尘来源：选择 As、Cd、Cr、Cu、Ni、Pb、V、Zn 这 8 种元素，将实验测得的数据代入富集因子公式 (4-1)，利用 SPSS 软件分析计算出攀枝花市大气降尘中重金属的富集因子，结果见表 4-16。

表 4-16　攀枝花市大气降尘中重金属的富集因子 ($n=92$)

项目	As	Cd	Cr	Cu	Ni	Pb	V	Zn
最大值	10.63	33.60	8.56	20.08	5.96	61.88	32.62	133.18
最小值	0.52	2.31	1.61	1.67	0.82	1.06	2.50	2.38
中值	2.05	12.61	4.70	4.07	1.72	7.28	13.69	8.62
标准差	1.20	6.21	1.70	2.70	0.69	8.32	7.58	14.61
平均值	2.17	13.69	4.80	4.55	1.76	8.97	14.15	11.29
污染级别	2	3	2	2	1	3	3	3
富集程度	中度	显著	中度	中度	轻微	显著	显著	显著

注：n 表示样品数。

从表 4-16 可以看出，攀枝花市大气降尘中 8 种重金属元素富集因子的平均值依次为：V>Cd>Zn>Pb>Cr>Cu>As>Ni，并且所有元素的富集因子均大于 1，说明这些元素都不同程度地受人类活动的影响。其中，V、Cd、Zn 这 3 种元素的富集因子明显大于其他元素且都超过 10，分别为 14.15、13.69、11.29，污染级别为 3，富集程度为显著富集，说明这 3 种元素大部分来自污染源，受人为扰动明显。这 3 种元素中又以 V 的富集因子最大，攀枝花市有著名的钒钛磁铁矿，含钒矿物的矿山开采和工业冶炼等，所以不可避免地对大气环境中 V 含量的增加有着重要影响；Cd 和 Zn 的富集因子仅次于 V，这也与攀枝花市常年的矿山开采和工业活动有关。剩下的 5 种元素 Pb、Cr、Cu、As、Ni 的富集因子为 1～10，污染级别由 3 过渡到 1，富集程度由显著富集过渡到轻微富集，说明这些元素主要受地表扬尘和建筑扬尘的影响。其中，Ni 元素的富集因子在所有元素中最小，为 1.76，污染级别为 1，富集程度为轻微富集，说明 Ni 元素受人类活动的影响比其他元素都小。

4.3.3　攀枝花市大气降尘因子分析

因子分析属于受体模型，是一种多元统计分析方法，可以通过压缩大量数据并在许多变量中找出隐藏且具有代表性的因子。因子分析的基本原理就是用少数几个变量去探究许多变量之间的关系，然后将性质相同的变量归于一个因子，减少变量的数目，并且检验变量间的假设关系，从而以较少的因子反映出原来样本的某些信息或规律。

用因子分析法解析攀枝花市大气降尘中 As、Cd、Cr、Cu、Ni、Pb、V、Zn 这 8 种重金属元素的来源。因子分析得到的公因子方差见表 4-17，解释的总方差见表 4-18，成分矩阵见表 4-19。

表 4-17　公因子方差

元素	初始	提取
As	1.000	0.593
Cd	1.000	0.631
Cr	1.000	0.916
Cu	1.000	0.873
Ni	1.000	0.521
Pb	1.000	0.832
V	1.000	0.765
Zn	1.000	0.229

表 4-18　解释的总方差

成分	初始特征值			提取平方和载入		
	合计	方差/%	累积方差/%	合计	方差/%	累积方差/%
1.000	2.846	35.575	35.575	2.846	35.575	35.575
2.000	1.371	17.137	52.712	1.371	17.137	52.712
3.000	1.143	14.283	66.995	1.143	14.283	66.995
4.000	0.973	12.165	79.160	—	—	—
5.000	0.825	10.317	89.477	—	—	—
6.000	0.591	7.390	96.867	—	—	—
7.000	0.207	2.592	99.459	—	—	—
8.000	0.043	0.541	100.000	—	—	—

表 4-19　旋转成分矩阵

元素	成分		
	1	2	3
As	0.401	-0.139	0.643
Cd	0.210	0.027	0.766
Cr	0.864	-0.379	-0.158
Cu	0.694	0.613	-0.126
Ni	0.685	-0.219	0.063
Pb	0.594	0.685	-0.097
V	0.766	-0.361	-0.218
Zn	-0.065	0.428	0.203
方差/%	35.575	17.137	14.283
累积方差/%	35.575	52.712	66.995

从表 4-17 和表 4-18 可以看出，前 3 个因子的初始特征值均大于 1，特征值累计占比为 66.995%，说明这 3 个因子能够很好地反映出攀枝花市大气降尘来源的大部分信息。

Cu 主要来自燃煤的粉尘等(陈兴茂等，2004)，Ni 与冶金等工业活动关系密切(Manno et al.，2006)，Pb 是交通污染的标志性元素(于瑞莲等，2009)。攀枝花市有著名的钒钛磁铁矿，其矿产资源的开采、金属冶炼等工业活动使大气降尘中 Cr、Ni、V 等重金属含量增加；河门口片区的电厂和攀煤集团大量使用燃煤，导致大气降尘中 Cu 含量增加；攀枝花市的快速发展使得其交通污染更为严重，引起大气降尘中 Pb 含量增加；攀钢钒制品厂的工业冶炼也与降尘中 V 含量的增加有着密切联系。因此，因子 1 主要来自人为污染源，工业活动、燃煤、矿山开采和交通污染是攀枝花市大气降尘中 Cr、Cu、Ni、Pb、V 等重金属的主要影响因素。因子 2 占方差总和的 17.137%，其中 Cu、Pb 的负荷较大，Cu 主要来自燃煤的灰尘等，Pb 与汽车轮胎磨损等有关，说明攀枝花市大气降尘中 Cu、Pb 主要受燃煤及交通污染的影响。因子 3 占方差总和的 14.283%，其中 As、Cd 的载荷值较高，As 是燃煤的特征性排放元素(杨勇杰等，2008)，Cd 与燃煤、工业冶炼和机动车尾气都有关系，河门口片区大量燃煤的燃烧、攀钢区工业的冶炼及炳草岗区工业与居民区的交错，是影响攀枝花市大气降尘中 As、Cd 含量的主要因素。

第 5 章　攀枝花市可吸入颗粒物的
地球化学特征

大气颗粒物的地球化学特征是颗粒物产生环境生态效应的决定性因素，研究可吸入颗粒物（PM_{10} 和 $PM_{2.5}$）的微观形貌和化学组分对判断颗粒物来源并分析其可能的生态环境危害有着十分重要的意义。本章讨论了攀枝花市 2014 年 3 个采样点采集的 PM_{10} 和 $PM_{2.5}$ 中主要的单颗粒类型及有机碳、元素碳、9 种水溶性离子（F^-、Cl^-、NO_3^-、SO_4^{2-}、Na^+、NH_4^+、K^+、Ca^{2+} 和 Mg^{2+}）和 20 种微量元素（As、Ba、Bi、Cd、Co、Cr、Cu、Mn、Ni、Pb、Sb、Sc、Sr、Fe、Th、Ti、Tl、U、V、Zn）的污染水平及时空变化规律，并运用富集因子法和主成分分析法对微量元素的污染来源进行了解析。

5.1　颗粒物质量浓度分布特征

5.1.1　PM_{10} 年际分布特征

图 5-1 是攀枝花市 2002～2014 年 PM_{10} 逐月平均质量浓度的年际变化趋势和年际平均质量浓度的变化趋势。其中，月平均质量浓度由 24h 平均质量浓度统计分析得到，年平均质量浓度值由月平均质量浓度值统计分析得到。将攀枝花市 2002～2014 年 PM_{10} 的年均质量浓度与《环境空气质量标准》（GB 3095—2012）中 PM_{10} 的年均质量浓度限值 70μg/m³ 比较，结果表明 2002～2014 年攀枝花市 PM_{10} 的年均质量浓度均超过国家规定的质量浓度限值。其中，2003 年超标倍数最高，约 2.7 倍，2014 年最低为 1.2 倍。这说明攀枝花市环境大气污染问题严重，PM_{10} 一直是影响攀枝花市空气质量的主要污染物。从整体来看，攀枝花市可吸入颗粒物质量浓度逐年降低，但是区域空气复合型污染问题日益突出。从图 5-1 可以看出，攀枝花市 PM_{10} 的年均质量浓度自 2003 年开始呈明显降低的趋势，空气质量逐年好转。因为 2005 年 6 月，攀枝花市被国家环境保护局列为全国空气污染最严重的城市之一，攀枝花市政府采取一系列措施治理大气颗粒物污染问题，例如，2005 年攀枝花市对全市 86 家环境污染严重、经济效益差的企业进行了分批重点

治理；同时，加大了对环保的投入，全年共投入治理资金 7.92 亿元，削减烟粉尘 1 万吨，工业固体排放量 50 万吨。同时，对露天堆存的大量固体废弃物采用深埋、回填和绿化的方式来控制地面扬尘，通过对 190 个污染源的重点整治，环境空气质量有了明显改善。另外，攀枝花市的矿产资源开采已逐步由露天剥采转入地下深部开采，这极大地降低了扬尘污染。

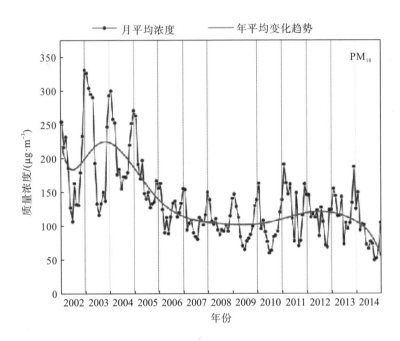

图 5-1　攀枝花市 2002～2014 年大气 PM_{10} 逐月年际变化图

5.1.2　PM_{10} 季节分布特征

如图 5-2 所示，攀枝花市空气质量污染物具有明显的季节分布特征。PM_{10} 的季平均质量浓度值冬季最高，夏季最低，这与前面分析污染物月平均质量浓度变化分析一致。PM_{10} 的质量浓度值按季节分布由大到小依次为冬季＞春季＞秋季＞夏季。春季攀枝花市的平均风速增加，由此导致的地面扬尘增加，所以 PM_{10} 的质量浓度在春季高于秋季，但是大风对气态污染物 SO_2 和 NO_2 却起着清除作用，因而春季的质量浓度略低于秋季。

5.1.3　$PM_{10}/PM_{2.5}$ 逐月分布特征

从图 2-3、图 2-5 和图 5-1 可以看出，PM_{10}、SO_2 和 NO_2 的月平均质量浓度变化均呈 U 形分布，即污染物的质量浓度在 12 月和 1 月达到最大，6 月和 7 月达到

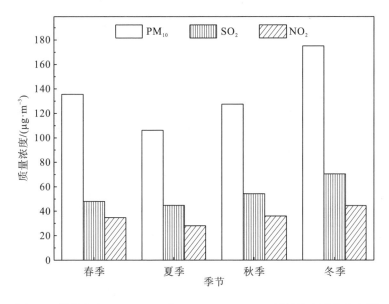

图 5-2　攀枝花市 2002～2014 年 PM_{10}、SO_2、NO_2 质量浓度季节分布图

最小。在污染源排放强度固定不变的前提条件下，气象因素是影响攀枝花市大气污染物质量浓度水平的主要因素。12 月和 1 月各污染物质量浓度达到最大，这是由于攀枝花市冬季逆温频发且静风频率高，静止的气象条件不利于大气污染物的扩散。多年气象资料的统计结果表明，攀枝花市冬季发生逆温的频率高达 90%，逆温层厚度可达 400～500m，最终导致污染物质量浓度都很高。6 月和 7 月各污染物质量浓度达到最小主要与降水有关。国内外已有许多学者研究了降水对大气污染物的影响，如刘星等(2016)分析了 2014 年夏季降水对南昌市大气颗粒物质量浓度的清除效果，结果表明中强降水（日降水量大于等于 10mm）对大气中的 PM_{10}、$PM_{2.5}$ 和 SO_2 具有明显的清除效果，且清除效率分别为 20.2%～68.8%、14.3%～50%和 20.0%～74.0%。但是，降水量对 NO_2 质量浓度的影响不大。

5.1.4　$PM_{10}/PM_{2.5}$ 空间分布特征

　　图 5-3 为攀枝花市 3 个采样点 2014 年 PM_{10} 和 $PM_{2.5}$ 的质量浓度，月平均质量浓度由 24h 均值统计得到。统计结果与国家环境空气质量标准限值相比，下沙沟、河门口和弄弄坪 PM_{10} 的超标率分别为 35%、60%和 72%，$PM_{2.5}$ 在下沙沟、河门口和弄弄坪的超标率分别为 13%、27%和 40%。颗粒物质量浓度分布具有明显的时空分布规律：无论是 PM_{10} 还是 $PM_{2.5}$ 都是弄弄坪最高，河门口次之，下沙沟最低。从季节变化的特征来看，颗粒物的质量浓度均为冬、春季高于夏、秋季。

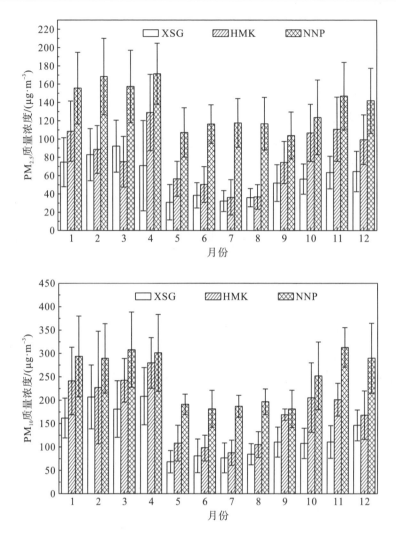

图 5-3 2014 年攀枝花市 3 个采样点 $PM_{2.5}$ 和 PM_{10} 质量浓度分布

5.1.5 $PM_{2.5}/PM_{10}$ 质量浓度关系

$PM_{2.5}$ 与 PM_{10} 质量浓度的比值（$PM_{2.5}/PM_{10}$）可以表征 PM_{10} 中细粒子的含量，能够反映细颗粒物的污染水平。通常 $PM_{2.5}/PM_{10}$ 为 0.3～0.4 时细粒子的污染程度较轻，$PM_{2.5}/PM_{10}$ 为 0.5～0.7 时细粒子的污染程度较重（徐敬等，2007）。

本书中下沙沟 $PM_{2.5}/PM_{10}$ 的变化范围为 0.32～0.84，平均值为 0.47，河门口 $PM_{2.5}/PM_{10}$ 的变化范围为 0.30～0.89，平均值为 0.51，弄弄坪 $PM_{2.5}/PM_{10}$ 的变化范围为 0.36～0.81，平均值为 0.54，说明细颗粒物正在成为影响攀枝花市空气质量的主要污染物，尤其是在两个工业区最为突出。

　　近 13 年来，攀枝花市 PM_{10} 的质量浓度总体呈逐年下降的趋势。攀枝花市总体的空气质量有所改善，但是细颗粒物污染问题日渐突出，局部环境污染严重。空气污染物质量浓度分布具有明显的时空分布特征：即污染物的质量浓度均为冬季最高，夏季最低，工业区污染物质量浓度水平明显高于农业区。

5.2　颗粒物的微观形貌特征

　　单颗粒分析是大气颗粒物研究的一个重要领域，它不仅能够提供单颗粒的微观形貌与元素组成，还可以根据成分分析对特征污染物的来源进行追踪。SEM-EDX 分析技术是研究大气颗粒物微观形貌特征的有效方法，目前已广泛应用于很多地区和城市观测单个颗粒物的微观形貌特征和化学组成分析。本部分内容利用 SEM-EDX 分析技术对攀枝花市 3 个采样点 1 月(旱季)和 7 月(雨季)不同粒径颗粒物的微观形貌特征及颗粒物的组成变化进行分析，并对其来源进行了探讨，同时利用 SEM 分析技术反映了元素在颗粒物表面的分布状态。

5.2.1　分析方法

　　SEM-EDX 分析技术已经被国内外学者广泛地应用于大气颗粒物微观形貌特征分析的研究中。Murari 等(2016)利用 SEM-EDX 分析了印度恒河平原大气颗粒物的物理化学特征；Arndt 等(2016)利用 SEM-EDX 分析了冶金企业排放的大气颗粒物的形貌特征及其元素组成；Roberto 等(2014)利用 SEM-EDX 分析了墨西哥西北部城市埃莫西约市大气 PM_{10} 的微观形貌特征和元素组成；Alessandra 等(2012)利用 SEM-EDX 分析了意大利中部大气 PM_{10} 的微观形貌特征和元素组成；Beatrice 等(2012)利用 SEM-EDX 分析技术与多元统计分析相结合的方法讨论了意大利中部城市翁布里亚大气颗粒物的来源；乔玉霜(2011)采用 SEM-EDX 对中原城市群大气 PM_{10} 和 $PM_{2.5}$ 的微观形貌和粒度分布特征进行了研究，发现颗粒物主要包括烟尘集合体、燃煤飞灰、矿物颗粒和未知颗粒 4 种类型，矿物颗粒在数量和体积上均占优势；刘彦飞(2010)利用 SEM-EDX 分析技术将哈尔滨市可吸入颗粒物分为烟尘集合体、燃煤灰飞、矿物颗粒、生物质颗粒和未知颗粒；吕森林等(2005)利用 SEM-EDX 分析出北京市大气颗粒物微观形貌的类型，主要分为球形颗粒、矿物颗粒、烟尘集合体和超细未知颗粒等；刘咸德等(1994)应用 SEM-EDX 分析技术将青岛大气颗粒物分为土壤扬尘、燃煤飞灰、硫酸钙、二次颗粒物等，并分析了矿物颗粒表面的硫化现象。

5.2.2 样品制备与分析

样品制备过程如下：剪下 1/4 滤膜样品约 0.5cm×0.5cm 的小块，用导电胶将样品平整地粘贴在金属垫圈上，粘贴样品时要防止滤膜出现鼓包现象，用真空镀膜机给样品镀金，镀金厚度为 10～20nm，以提高样品的导电性，然后将其放入电镜的样品仓中，抽真空后，进行单颗粒物的微观形貌与成分分析。本次样品分析在成都理工大学油气藏地质及开发工程国家重点实验室用场发射环境扫描电子显微镜完成（图 5-4），所用扫描电子显微镜镜型号为美国 Qunta250 FEG (20kV) SEM，能谱仪型号为 EDX-Oxford INCAx-max 20。仪器工作参数：电子束流量为 1μA，电子能量为 20keV，信号采集时间为 60s。

图 5-4　成都理工大学油气藏地质及开发工程国家重点实验室场发射环境扫描电子显微镜

质量控制和质量保证：将空白滤膜样品（图 5-5）和颗粒物样品一同做形貌及成分分析，以便于区分滤膜基质和颗粒物样品，从而消除采样膜基质对颗粒物样品分析结果的影响。

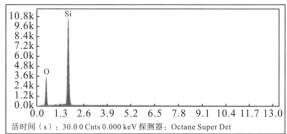

图 5-5　空白滤膜样品 SEM 显微形貌和 EDX 谱图

5.2.3　可吸入颗粒物的主要单颗粒类型

从攀枝花市可吸入颗粒物的统计结果看，主要有铝硅酸盐颗粒、硫酸盐颗粒、工业燃煤飞灰、燃煤颗粒、生物质燃烧颗粒、金属颗粒和暂不可辨识的细颗粒物等。主要的单颗粒类型如下。

1. 铝硅酸盐颗粒

铝硅酸盐颗粒以 Si、Al 为主要成分（图 5-6），并含有不定量的 Na、K、Ca、Mg、Ti、Fe 等（Kurth et al.，2014），其主要来源于高温燃烧（Pipal et al.，2011；Slezakova et al.，2008）和地面扬尘。SEM 下观察到的铝硅酸盐主要有 4 种形貌特征：表面光滑的块状颗粒［图 5-6（a）］、表面光滑的球状颗粒［图 5-6（b）］、层状颗粒［图 5-6（c）］和表面粗糙的块状颗粒［图 5-6（d）］。其中，表面粗糙的铝硅酸盐颗粒棱角不分明，EDX 能谱图表明，其主要成分为 O、Si、Ca，其次为 Al、Mg、K、Ti 等，并含有少量的 C，可能为黏土矿物颗粒，这主要是地面扬尘颗粒的输入，而层状颗粒是土壤颗粒的直接来源；表面光滑的块状铝硅酸盐颗粒的主要成分为 Fe 和 O，其次为 Si、Ca、Al 等，是钢铁冶炼企业的工业尘。球状体的铝硅酸盐颗粒表面光滑，EDX 能谱图表明其主要成分是 O、Si、Al，其次为 Na、Mg、Fe、K 等，是高温燃烧的产物，主要来自工业活动。

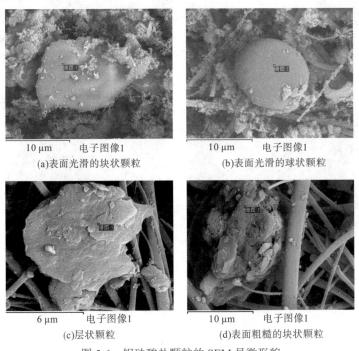

10 μm　电子图像1　　　　　　　　10 μm　电子图像1
(a)表面光滑的块状颗粒　　　　　　(b)表面光滑的球状颗粒

6 μm　电子图像1　　　　　　　　10 μm　电子图像1
(c)层状颗粒　　　　　　　　　　　(d)表面粗糙的块状颗粒

图 5-6　铝硅酸盐颗粒的 SEM 显微形貌

2. 硫酸盐颗粒

大气颗粒物中具有规则形状的硫酸盐颗粒主要是大气二次化学反应的产物（吕森林等，2005）。攀枝花市大气可吸入颗粒中规则形状的含硫颗粒主要有片状集合体［图 5-7(a)］、柱状集合体［图 5-7(b)］、块状［图 5-7(c)］和块状集合体［图 5-7(d)］。其中，块状颗粒的 EDX 分析显示，其主要成分是 O、S、Zn，其次为 Mg、K、Si 等，属于硫酸盐类矿物；片状集合体颗粒的 EDX 分析显示，其主要成分是 O、S、K，其次为 Na、Si 等，属于硫酸盐类矿物，如硫酸钾；柱状集合体颗粒的 EDX 分析显示，其主要成分是 O、S、Ca，其次为 K、Si、Al 等，从这种矿物的形态和成分分析可知，柱状矿物是典型的硫酸盐矿物石膏。攀枝花市是资源消耗煤烟型污染的矿业城市，每年都向大气排放大量的 SO_2，SO_2 在大气中氧化形成的硫酸盐是大气颗粒物细粒子的重要组成部分。许多研究也表明，这些颗粒主要分布在细粒径范围（10～16μm）的颗粒物中，不易沉降，并可通过呼吸道进入人体肺部，对人体健康有明显的影响。同时，硫酸盐颗粒也是导致酸雨、影响大气能见度的主要因素。

(a)片状集合体硫酸盐颗粒　　　　　　　(b)柱状集合体硫酸盐颗粒

(c)块状硫酸盐颗粒　　　　　　　　　　(d)块状集合体硫酸盐颗粒

图 5-7　硫酸盐颗粒的 SEM 显微形貌

3. 燃煤飞灰

燃煤飞灰由煤的燃烧形成，其主要成分是 C，还含有少量的 Al、Si、K、Ca、

Fe 等，主要分布在粒径范围为几百纳米到几微米的颗粒物中。攀枝花市大气可吸入颗粒物中燃煤飞灰的形貌类型丰富，主要有球状［图 5-8(a)］、球状集合体［图 5-8(b)］、表面粗糙凹陷型［图 5-8(c)］和表面光滑凹陷型［图 5-8(d)］等，且以球形颗粒为主。球状和球状集合体颗粒表面光滑，颗粒之间疏松堆积，表面附着有更加细小的颗粒，周围有无定形物，部分表面有碎屑颗粒。EDX 分析显示其主要元素为 C、O 和 Si，主要来自工业活动中煤燃烧的残体飞灰。凹陷型飞灰颗粒主要是由燃煤锅炉快速高温-冷却的物理化学条件不同所致，该种颗粒的内部致密，EDX 分析显示其主要元素为 C、O、Si 和 Al。

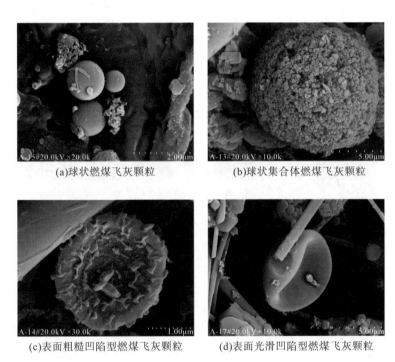

(a)球状燃煤飞灰颗粒　　　　　　(b)球状集合体燃煤飞灰颗粒

(c)表面粗糙凹陷型燃煤飞灰颗粒　　　　(d)表面光滑凹陷型燃煤飞灰颗粒

图 5-8　燃煤飞灰的 SEM 显微形貌

4. 燃煤颗粒

燃煤颗粒的基质主要为 C，具有较大的表面积，化学性质较稳定且能携带各种有毒有害物质，在空气中的滞留时间较长，不易从空气中清除，会对人体健康产生危害。有关流行病学研究证实，燃烧过程释放的细颗粒物对心血管疾病及其死亡率有重要影响(鲁斯唯等，2015)。然而，攀枝花市钢铁冶炼企业和燃煤电厂排放的燃煤颗粒是攀枝花市大气可吸入颗粒物的主要组成成分之一，因此加强工业企业的除尘是控制其排放的主要措施。

5. 生物质燃烧颗粒

一般生物质燃烧颗粒主要是农林废弃物，如秸秆等的燃烧或森林火灾等所致，生物质燃烧颗粒以其鲜明的蜂巢网状结构和元素组成而区别于化石燃料颗粒物，而 K 通常作为生物质燃烧颗粒的示踪元素。生物质燃烧颗粒在我国大部分地区都有报道，秋季受生物质燃烧颗粒的影响较大。另外，由于攀枝花旱季干旱少雨，容易引发森林火灾，采样期间就有一次森林火灾发生，所以有可能对当时采集的样品产生影响。图 5-9(a) 和 5-9(b) 为生物质燃烧的颗粒，EDX 分析显示其组成以 C 和 O 为主，次要元素为 Si、K、Al、S 等，由于组成成分不同，颗粒的致密程度不同，主要与当地的农业活动有关。

(a)细致密网状生物质燃烧颗粒　　　　(b)粗网状生物质燃烧颗粒

图 5-9　生物质燃烧颗粒的 SEM 显微形貌

6. 金属颗粒

攀枝花市是以钒钛磁铁矿为原料而冶炼钢铁的城市，而钢铁冶炼活动是引起空气污染最主要的人为活动，是空气中金属颗粒的主要来源。含 Fe 的金属颗粒呈块状结构[图 5-10(a)]，棱角分明，有机械开采痕迹，且分布在粒径较大的颗粒物中，能谱显示为 Fe、V 和 Ti 等，主要来自钒钛磁铁矿石的开采或运输过程；含 Ti 的颗粒呈球状体[图 5-10(b)]，表面光滑，主要分布在细颗粒物上，主要来自钛加工企业；含 Pb 的颗粒呈球状聚合体[图 5-10(c)]，是典型的燃油颗粒，EDX 分析显示其主要组成成分为 Pb 和 V 等。

(a)含Fe颗粒　　　　　　(b)含Ti颗粒　　　　　　(c)含Pb颗粒

图 5-10　金属颗粒的 SEM 显微形貌

7. 暂不可辨识的细颗粒物

大气可吸入颗粒物的种类复杂，除上述主要的颗粒类型还有其他种类的未知颗粒(图 5-11)，它们的粒径非常小，可能为燃烧产生或二次反应生成的细小颗粒物，它们呈链状分布，具有较大的比表面积，更容易吸附有害的重金属和有机物。由于粒径小，这些细小的颗粒物可以被吸入人体的肺部组织中，并能直接进入血液循环，对人体健康产生危害。在攀枝花市采集的颗粒物样品中这些细颗粒分布较多，与采集样品中的粗颗粒部分相比，更容易对人体健康造成危害，因此，应该引起重视。

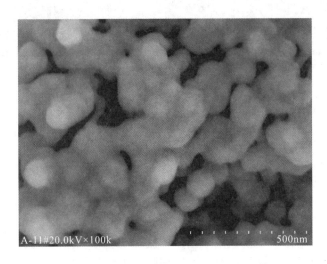

图 5-11　超细未知颗粒的 SEM 显微形貌

可吸入颗粒物的微观形貌特征对比分析：攀枝花市 3 个采样点旱季及雨季 PM_{10} 和 $PM_{2.5}$ 的微观形貌特征如图 5-12 所示。不同采样点在不同季节颗粒物的类型有明显区别，选择能够代表攀枝花市在正常天气条件下颗粒物的微观形貌特征图进行对比分析。

(a)2014年1月X-$PM_{2.5}$　　(b)2014年7月X-$PM_{2.5}$　　(c)2014年1月X-PM_{10}　　(d)2014年7月X-PM_{10}

(e)2014年1月H-PM$_{2.5}$　　(f)2014年7月H-PM$_{2.5}$　　(g)2014年1月H-PM$_{10}$　　(h)2014年7月H-PM$_{10}$

(i)2014年1月N-PM$_{2.5}$　　(j)2014年7月N-PM$_{2.5}$　　(k)2014年1月N-PM$_{10}$　　(l)2014年7月N-PM$_{10}$

图 5-12　攀枝花市不同季节 3 个采样点 PM$_{10}$和 PM$_{2.5}$的 SEM 显微形貌

(X：下沙沟；H：河门口；N：弄弄坪)

从图 5-12 可以看出，攀枝花市旱季 PM$_{10}$［图 5-12(c)、图 5-12(g)、图 5-12(k)］和 PM$_{2.5}$［图 5-12(a)、图 5-12(e)、图 5-12(i)］中以矿物颗粒和燃煤飞灰为主，矿物主要以不规则形状存在；而雨季 PM$_{10}$［图 5-12(d)、图 5-12(h)、图 5-12(l)］和 PM$_{2.5}$［图 5-12(b)、图 5-12(f)、图 5-12(j)］中则以规则矿物颗粒和燃煤飞灰为主。与旱季相比，雨季的规则矿物明显增多，黏土矿物颗粒显著下降，这主要与攀枝花的气象条件有关。攀枝花市是我国西南地区典型的干热河谷气候，具有四季不分明、旱雨季分明的气候特征，全年约 90% 的降水集中在雨季。雨水对大气颗粒物具有显著的冲刷作用，尤其是对粒径较大的黏土矿物颗粒的冲刷效果更明显。雨水的冲刷作用也极大地降低了地面扬尘的产生，雨季大气颗粒物中的不规则矿物颗粒明显降低，燃煤飞灰因粒径细小而不易被雨水冲刷，长期停留在底层大气中，同时也说明攀枝花市可吸入颗粒物中燃煤飞灰以较小的粒子存在。另外，在雨季，湿热的气象条件更有利于大气二次化学反应的发生，矿区高质量浓度的 SO$_2$和 NO$_x$使在空气中生成大量的规则矿物。攀枝花市的飞灰颗粒主要以较致密的集合体形式存在，主要来自燃煤等化石燃料的燃烧和生物质不完全燃烧，说明攀枝花市的污染属于煤烟型和汽车尾气双重污染，这与攀枝花市的钢铁冶炼活动和交通运输有关。

由于受污染源分布和地形特征的影响，攀枝花市 3 个采样点 PM$_{10}$和 PM$_{2.5}$中颗粒物的类型有所不同，不同种类的颗粒物在数量上也不同。下沙沟颗粒物的种类相对单一，主要受黏土矿物颗粒和汽车尾气排放的影响，颗粒物的种类以黏土矿物颗粒和烟尘集合体为主。弄弄坪和河门口由于受钢铁冶炼活动和燃煤电厂等重污染企业的影响，燃煤、燃油和金属颗粒的污染更为突出。

近年来，对大气颗粒物微观形貌特征的分析也引起了我国很多学者的重视，研究区域也逐渐扩大，从特大城市、大城市转向对工矿业城市的关注。与其他城市相比，矿业城市大气颗粒物的类型更多，来源更复杂。宋晓焱(2010)利用高分辨率场发射扫描电镜识别出煤矿区城市平顶山、义马、永城 PM_{10} 中单颗粒的类型主要有燃煤飞灰、椭球形颗粒、矿物颗粒、烟尘集合体、生物质、超细未知颗粒及一些不能识别成分的颗粒物，同时发现煤矿区域夏季大气颗粒物以烟尘集合体数量百分含量最多，而冬季则以矿物颗粒所占数量百分比最多。刘彦飞(2010)利用高分辨率场发射扫描电镜分析技术识别出哈尔滨市 PM_{10} 和 $PM_{2.5}$ 中的颗粒主要包括烟尘集合体、矿物颗粒、生物质颗粒、未知细颗粒和其他颗粒，在春、夏、秋 3 个季节的可吸入颗粒物中烟尘集合体的比重有所增加，而冬季飞灰颗粒的数量比重占有绝对高的比例；乔玉霜(2011)利用高分辨率场发射扫描电镜识别出中原城市群(郑州、开封、焦作和洛阳) PM_{10} 和 $PM_{2.5}$ 中的颗粒主要包括烟尘集合体、燃煤飞灰、矿物颗粒和未知颗粒 4 种类型，PM_{10} 和 $PM_{2.5}$ 样品的颗粒物类型相同，矿物颗粒在数量和体积上均占优势，燃煤、机动车尾气、工业冶炼、扬尘及生物质燃烧是中原城市群大气颗粒物的主要来源。岑世宏(2011)利用高分辨率场发射扫描电镜识别出京津唐城市群大气 PM_{10} 和 $PM_{2.5}$ 中颗粒的类型主要有不规则矿物、规则矿物、球形颗粒、烟尘集合体和未知颗粒。

与上述城市相比，攀枝花市还具有与当地工业活动密切相关的特征性污染物，如金属颗粒，而且有多种金属矿物颗粒在一个地区出现，矿物颗粒种类多，这可能与钒钛磁铁矿区的特色资源有关。矿山固体废弃物长期露天堆放，其中的细小颗粒随风飘移，使得钒钛磁铁矿区城市金属颗粒物种类较多。

5.2.4　单矿物颗粒的化学组成与分类

SEM-EDX 可以同时提供颗粒物的形貌特征和成分信息。攀枝花市矿物颗粒的能谱特征如图 5-13 所示。国内外很多学者利用能谱中各种元素质量分数对矿物颗粒物进行分类，例如，Okada 和 Kai(2004)根据能谱中各种元素质量分数将我国北部呼和浩特上空采集的矿物颗粒物分为"富 Si""富 Ca""富 Mg"等 9 种类别；宋晓焱(2010)利用该方法将河南省煤矿区城市夏季采集的颗粒物共分为"富 Si""富 Ca""富 S""富 Fe""富 Al""富 Ti""富 Mg""富 K""富 Cl" 9 种不同类型的矿物颗粒；刘彦飞(2010)应用此方法把哈尔滨各季节的大气颗粒分为"富 Si""富 Ca""富 Al""富 Fe""富 S""富 Ba""富 Ti" 7 种不同类型；李卫军等(2008)利用该方法将北京雾天的矿物颗粒分为 8 种类型。本书利用此分类方法分析攀枝花市矿物颗粒的种类。

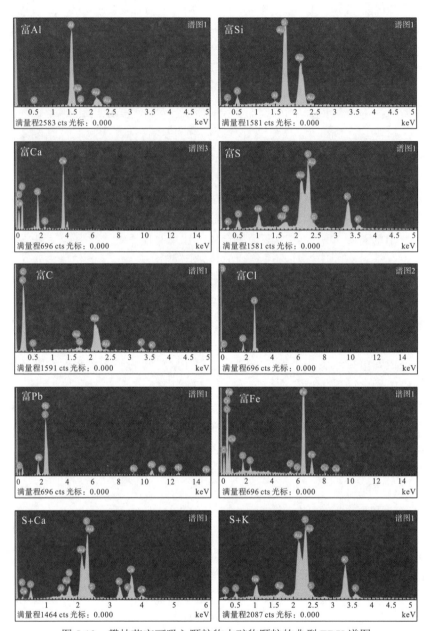

图 5-13　攀枝花市可吸入颗粒物中矿物颗粒的典型 EDX 谱图

　　根据 EDX 的分析结果，分出单个矿物颗粒物中主要的 10 种元素成分（Na、Mg、Al、Si、S、Cl、K、Ca、Ti、Fe），然后将它们中间具有最大 $P(X)$ 值的元素取出并作为"富 X"颗粒，$P(X)$ 的计算公式如下：

$$P(X) = X \div (Na + Mg + Al + Si + S + Cl + K + Ca + Ti + Fe) \times 100\% \qquad (5\text{-}1)$$

式中，X 为矿物颗粒元素百分含量，各元素符号代表各元素的百分含量。然后，

应用 $P(X)$ 值将矿物颗粒进一步分为亚类，规则为如果某种元素的值大于 65%，则称为 "X 质"，如 "Si 质"；如果含量最高元素的 $P(X)$ 值小于 65%，则把矿物颗粒归为 "P 值最高的元素+P 值第二高的元素"。

根据 SEM-EDX 获得攀枝花市（下沙沟、河门口和弄弄坪）采样点旱季的矿物颗粒物成分，根据颗粒物中元素质量分数的高低，将表 5-1 中的矿物颗粒物分为 "富 Si""富 Fe""富 S""富 Ti""富 Cl""富 Ca""富 F""富 K""富 Pb" 9 种类型。

表 5-1 攀枝花可吸入颗粒物中矿物颗粒成分分类

类型	主要元素/%	颗粒物数目/个		
		下沙沟	河门口	弄弄坪
富 Si	—	103	95	99
Si 质	Si(82±11)	26	21	19
Si+Al	Si(54±8.1)、Al(31±5.2)	53	44	48
Si+Fe	Si(50±8.1)、Fe(31±14.8)	18	21	23
Si+Ca	Si(44±7.1)、Ca(29±7.7)	2	5	4
Si+S	Si(37±13)、S(23±7.5)	1	3	4
Si+Cl	Si(51±7.7)、Cl(22±10.8)	1	1	1
Si+K	Si(47)、K(32)	1	—	—
其他	Si+P	1	—	—
富 Fe	—	5	21	29
Fe 质	Fe(81±5.3)	1	7	13
Fe+Si	Fe(52±65.9)、Si(34±9.1)	2	4	10
Fe+Ti	Fe(53±13.4)、Ti(25±4.9)	1	7	2
Fe+V	Fe(42±6.4)、V(24±6.0)	1	3	3
其他	Fe+S		—	1
富 S	—	6	9	14
S 质	S(70)	—	—	1
S +Ca	S(42±6.4)、Ca(24±6.0)	3	4	6
S +K	S(50±1.7)、K(32±5.2)	2	3	3
S +Zn	S(53±4.2)、Zn(31±4.9)	1	2	4
富 Ti	—	2	3	4
Ti 质	—	—	—	1
Ti+Ca	Ti(52±1.4)、Ti(42±1.7)	2	3	3
富 Cl	—	2	2	2
Cl 质	Cl(83±11.3)	1	1	1

类型	主要元素/%	颗粒物数目/个		
		下沙沟	河门口	弄弄坪
Cl+Si	Cl(62)、Si(19)	1	1	1
富 Ca	—	2	3	4
Ca 质	Ca(68±4.9)	2	3	4
富 F	—	—	1	—
F 质	F(71)	—	1	—
富 K	—	1	—	—
K 质	K(68)	1	—	—
富 Pb	—	1	3	3
Pb 质	Pb(80±4.5)	1	3	3
总颗粒数	—	122	137	155

"富 Si"颗粒,从表 5-1 可以看出,攀枝花市下沙沟、河门口和弄弄坪"富Si"颗粒数量占比分别为 84%、69% 和 64%。其中"Si 质"主要是石英,而"Si+Al"主要是黏土矿物和长石类颗粒,总体上"富 Si"颗粒主要来自地壳中的硅酸盐类颗粒。下沙沟的"富 Si"颗粒所占百分比最多,其中"Si+Al"占 51%,说明下沙沟的吸入颗粒物多为地壳来源,与采样点周围的农业活动有关。下沙沟属于仁和区商业、居民和农业活动的接合部,采样期间进行有大量的农耕活动,故对采样点周围的环境产生了影响。

3 个区域的"富 Fe"颗粒在整个分析颗粒物中所占的比例分别为 4%、15% 和19%,而且"Fe 质"颗粒都以"Fe+Si""Fe+Ti""Fe+V"的形式存在,与攀枝花市钒钛磁铁矿开采、冶炼活动有关,这充分说明当地的工矿业活动对周围大气环境产生了明显影响,尤其是在弄弄坪片区,"富 Fe"颗粒占比最高。弄弄坪是攀钢集团的钢铁冶炼区,除受钢铁冶炼尘的影响外,原料运输过程洒落到地面产生的扬尘也是该区域大气颗粒物中 Fe 的主要来源。河门口片区主要受露天堆放的钢渣和铁渣及周围小型选渣场(对钢渣和铁渣进行二次筛选)产生的扬尘的影响,周围环境中"富 Fe"颗粒所占的百分比也很高。另外,3 个区域均有"富 Ti"和"富 Ca"颗粒出现,"富 Ti"颗粒以"Ti+Ca"的形式存在,"富 Ca"颗粒以"Ca 质"存在。通常,Ti 和 Ca 是建筑尘的示踪元素,但是在攀枝花地区还代表着钢铁冶炼尘和矿尘。攀枝花有丰富的石灰石资源($CaCO_3$)且大多为露天开采,石灰石不仅是钢铁冶炼的原材料,同时也是建筑水泥生产的原材料。因此,空气中"富 Ti"和"富 Ca"颗粒的出现代表了人为活动的影响。

3 个区域的"富 S"颗粒在整个分析颗粒物中所占的比例分别为 5%、7% 和9%,弄弄坪片区"富 S"颗粒占比最多。"S 质"颗粒主要以"S+Ca""S+K"

"S+Zn"的形式存在,这主要与大气颗粒物发生的二次化学反应有关。Pandis 和 Seinfeld(1990)的研究表明,雾滴可清除可溶性气体,如吸收 SO_2 进一步氧化成硫酸。Hanisch 和 Crowley(2001)的研究表明,矿物颗粒表面的非均相化学反应能力和大气湿度呈一定的正相关性。宋晓焱(2010)对河南省煤矿区城市冬季可吸入颗粒物的单矿物颗粒分类研究发现,尽管冬季燃煤产生大量 SO_2 和 NO_x,但是冬季矿区几乎没有"富 S"颗粒,说明大气中矿物颗粒的硫化现象与温度和湿度有关。攀枝花市横跨金沙江两岸,受金沙江水汽和干热河谷气候的影响,工业活动排放的 SO_2 和 NO_x 在离排放源不远处就可能发生一系列大气化学转化反应,形成硫酸盐矿物,这在一定程度上起到了固硫的作用。

另外,Pb 作为化石燃料尤其是燃煤的示踪元素,在 3 个区域均有富集,在工业区的富集程度更高,而"富 Cl"和"富 K"颗粒在下沙沟明显富集。"富 F"颗粒只在河门口出现,主要是自然来源。

5.2.5 颗粒物的硫化特征

大气颗粒物在进行迁移和转化的过程中,由于受到大气热力、气态污染物、水蒸气等的作用,颗粒物表面会发生二次化学反应,从而导致颗粒物化学成分的变化。而大气中的硫氧化物和氮氧化物与大气颗粒物中矿物成分的变化有着密切关系,并直观地以硫酸盐和硝酸盐的形式表现出来(刘彦飞,2010)。城市大气中矿物颗粒表面的硫化现象表明硫元素富集和人为污染严重,很多学者对此进行了广泛、深入的研究报道。大量研究成果表明颗粒物表面的硫化现象通常发生在夏季(宋晓焱,2010)。PM_{10} 中的矿物颗粒与 SO_2 发生均相和非均相反应的程度与采样大气环境中的温度和湿度有很大关系(宋晓焱,2010)。硫氧化物是矿业城市大气的主要污染物,攀枝花市是我国重要的钢铁、钒钛等重工业基地,由于所处的特殊自然地理位置,其具有有别于其他城市的大气颗粒物硫化现象。因此,研究攀枝花市大气可吸入颗粒物的硫化特征对当地 SO_2 的控制有一定的现实意义。

为了研究攀枝花矿区的 S 成分及其变化,根据攀枝花市 3 个采样点的含硫矿物颗粒中(Si+Al)、S、Ca 的相对质量分数,绘制成(Si+Al)-Ca-S 的三角相图,如图 5-14 所示。

正常天气条件下,攀枝花市约 27%的矿物颗粒分布在(Si+Al)-$CaSO_4$ 线的左侧,约 98%的颗粒 S/Ca 值大于 $CaSO_4$ 中的 S/Ca 值(0.8),说明攀枝花市空气中的 SO_2 污染严重,矿物颗粒的硫化现象严重。利用 SEM-EDX 分析矿物颗粒成分,结果表明攀枝花雨季(7 月)矿物颗粒的硫化现象整体上大于旱季(1 月),说明雨季湿热的气象条件更有利于大气颗粒物二次化学反应的进行,同时也说明矿物颗粒物的硫化与湿度有很大的关系。7 月攀枝花的最大相对湿度为 80%,1 月的最大相

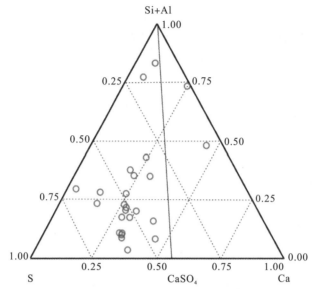

图 5-14　攀枝花市单个含硫矿物颗粒中(Si+Al)、S 和 Ca 元素的三角相图

注：(Si+Al)-CaSO$_4$ 线代表石膏中 S/Ca 值为 0.8

对湿度为 65%，7 月为攀枝花雨季，降水量充沛，大气中水汽含量较高，SO$_2$ 与大气颗粒物的表面接触，润湿的矿物颗粒增加了对 SO$_2$ 的吸收强度，形成 H$_2$SO$_3$，然后与空气中的 H$_2$O$_2$ 反应生成 H$_2$SO$_4$，H$_2$SO$_4$ 进一步溶解颗粒表面的矿物成分形成硫酸盐。在 SEM-EDX 的分析中，样品中规则石膏存在比较明显的硫化现象，形成的石膏较为纯净，说明反应过程比较完全，矿物本身也比较纯净，而且反应后，颗粒中没有其他酸根离子的残留。刘彦飞(2010)对哈尔滨大气颗粒物硫化特征的研究成果表明，形成这种比较纯净的石膏是碳酸盐矿物在有水汽的情况下吸附了 SO$_3$ 或酸雾滴后，发生以下反应：

$$SO_3 + H_2O \rule[0.5ex]{1.5em}{0.4pt} H_2SO_4 \tag{5-2}$$

$$H_2SO_4 + CaCO_3 \rule[0.5ex]{1.5em}{0.4pt} CaSO_4 + CO_2 \tag{5-3}$$

所以推断，攀枝花市大气颗粒物中出现的规则石膏颗粒基本上为纯净的碳酸钙颗粒经硫化反应后生成的。

5.2.6　颗粒物表面元素分布特征

利用 SEM-EDX 分析技术对攀枝花市大气可吸入颗粒物表面元素的分布特征进行整体分析后发现，Al、Ca、Fe 是攀枝花市大气可吸入颗粒物中主要的常量金属元素，S、Zn 和 Pb 是主要的微量元素(图 5-15)，说明攀枝花市大气颗粒物受自然来源和人为来源的共同影响。

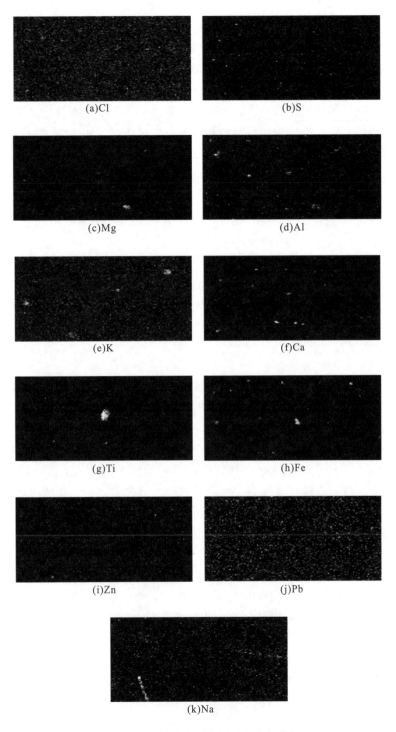

图 5-15 颗粒物表面金属元素分布特征

与其他工业城市相比，攀枝花市大气颗粒物中不规则矿物颗粒的种类和数量多，分析其来源与钒钛磁铁矿钢铁冶炼活动、矿产资源的开采与运输有关。

(1)工业区和农业区颗粒物在种类和数量上有区别，工业区以燃煤颗粒为主，农业区以铝硅酸盐颗粒为主。受当地的地形条件限制，颗粒物在短期内并没有均匀混合，造成局地环境污染严重。不同季节颗粒物的类型也不相同，夏季由于雨水的冲刷作用，硅铝酸盐颗粒含量显著降低，以规则形状的矿物颗粒为主。

(2)利用 SEM-EDX 分析可吸入颗粒中矿物颗粒的化学元素组成，根据 $P(X)$ 法将矿物颗粒分为"富 Si""富 Fe""富 S""富 Ti""富 Ca""富 Cl""富 F""富 K""富 Pb"9 种类型，其中以"富 Si"颗粒占比最多。

(3)(Si+Al)-Ca-S 三角相图显示，攀枝花市大气可吸入颗粒物的硫化程度较高，硫化现象整体上表现为雨季大于旱季，硫化程度与采样大气环境中的温度和湿度有很大关系。二次化学反应生成的规则石膏成盐机理主要是由于方解石等碳酸盐矿物发生的硫酸盐化作用形成的。

5.3　有机碳和元素碳分布特征

碳质气溶胶是大气颗粒物的主要组分之一，在大气中主要以有机碳(organic carbon，OC)和元素碳(element carbon，EC)的形式存在。有机碳按照来源又可分为一次有机碳(primary organic carbon，POC)和二次有机碳(secondary organic carbon，SOC)。一次有机碳指的是没有经过化学过程直接排放到大气中的碳，在光的作用下，一次有机碳被大气中广泛存在的自由基氧化形成二次有机碳，由气-粒转化形成，目前尚没有直接测定二次有机碳含量的方法。元素碳主要是含碳物质不完全燃烧所产生的，没有二次反应的产物，是化石燃料燃烧量的良好指标。

目前，国内对大气颗粒物中 OC 和 EC 的研究已有较多的报道，从地区分布来看，主要集中在北京(樊晓燕等，2013)、天津(董海燕等，2013；古金霞等，2009)、上海(周敏等，2013)、南京(吴梦龙等，2014)、重庆(王同桂，2007)、成都(Tao et al.，2013)、合肥(陈刚等，2016)等一些大中城市。攀枝花市是以钢铁冶炼、燃煤发电、煤矿资源开采为主的重工业城市，煤炭资源消耗量大，再加上煤炭固废长期露天堆放，以及大量重型柴油车车辆尾气等的影响，因此对大气颗粒物中的含碳气溶胶的研究更应该引起关注。根据攀枝花市的气候特征，选择能够代表攀枝花市在正常天气条件下颗粒物样品做碳质气溶胶的分析。使用热/光碳分析仪测定了攀枝花市 2014 年旱季(1 月)和雨季(7 月)3 个采样点 PM_{10} 和 $PM_{2.5}$ 中 OC/EC 的质量浓度。

5.3.1　样品分析与测试

剪 1/4 滤膜样品用热/光碳分析仪(DRI Model 2001A)对采样膜样品中的有机碳和元素碳进行测定。将样品置于热光炉中，第一阶段在纯氦环境下进行，温度梯度为 120℃(OC1)、250℃(OC2)、450℃(OC3)、550℃(OC4)，第二阶段在有 2%氧气的氦环境下进行，温度分别在 550℃(EC1)，700℃(EC2)和 800℃(EC3)使 EC 完全被氧化成二氧化碳(CO_2)。在还原炉中将上述两个阶段产生的 CO_2 还原成甲烷(CH_4)，再由火焰离子化检测器(flame ionization detector，FID)进行定量检测。全程采用 633nm 激光照射样品，准确界定 OC 碳化形成的裂解碳(optical pyrolyzed carbon，OPC)，最终将 OC 定义为通过反射光强度来精确地确定 OC 和 EC 的分离点。把 OC1+OC2+OC3+OC4+OPC 定义为最终测得的 OC，把 EC1+EC2+EC3−OPC 定义为最终测得的 EC。

质量控制和质量保证：实验前对反应炉进行燃烧处理以排除反应炉中残存的碳和杂质。三峰校正，测样品前用 CH_4 / CO_2 标准气对仪器进行校正，结束时同样进行此校正。每个样品进行 3 次平行样分析，每 10 个样品抽取一个做重复样分析，确保前后两次测量误差在 5%以内再进行后续的样品分析。为了减少实验误差，测样均为一人完成。定时清洗打孔器、镊子、垫板等实验时用到的物品。

5.3.2　OC/EC 的质量浓度和季节变化特征

表 5-2 给出了 2014 年 1 月和 7 月攀枝花市 3 个采样点 PM_{10} 和 $PM_{2.5}$ 中 OC 和 EC 的平均质量浓度。结果表明，OC 和 EC 质量浓度具有明显的季节变化特征，3 个采样点的 OC 和 EC 质量浓度均为旱季高于雨季。这种季节变化特征主要是由不同季节的气象要素不同及污染源排放强度的变化等所致。7 月，攀枝花市降水集中且强度大，雨水的冲刷作用对大气中的碳质颗粒具有一定的清洗作用。国内外大量的研究成果表明，降水对大气中含碳气溶胶有显著的清除效果，尤其是对可溶性的 OC，其清除效果更为明显(谭学士，2015)。

同时，由于受污染源分布和地形、气象条件的限制，OC 和 EC 的质量浓度具有明显的空间分布特征。钢铁冶炼区弄弄坪片区 OC 和 EC 的平均质量浓度最高，其中，OC 在 PM_{10} 和 $PM_{2.5}$ 中的平均质量浓度分别为 38.4μg/m³ 和 29.0μg/m³，EC 在 PM_{10} 和 $PM_{2.5}$ 中的平均质量浓度分别为 21.3μg/m³ 和 12.9μg/m³。在下沙沟农业和商业混合区，OC 和 EC 的平均质量浓度最低，其中 OC 在 PM_{10} 和 $PM_{2.5}$ 中的平均质量浓度分别为 21.8μg/m³ 和 16.5μg/m³，EC 在 PM_{10} 和 $PM_{2.5}$ 中的平均质量浓度分别为 7.5μg/m³ 和 4.9μg/m³。OC 和 EC 的空间变化趋势总体表现为弄弄坪>河门口>下沙沟，说明工矿业活动对攀枝花市大气中 OC 和 EC 的影响较大。

表 5-2　攀枝花市 PM_{10} 和 $PM_{2.5}$ 中的 OC 和 EC 平均质量浓度

项目	采样点	OC/($\mu g \cdot m^{-3}$)		EC/($\mu g \cdot m^{-3}$)	
		旱季(1 月)	雨季(7 月)	旱季(1 月)	雨季(7 月)
PM_{10}	下沙沟	25.0±6.5	18.5±4.3	8.7±4.6	6.3±2.9
	河门口	41.3±15.1	25.3±8.9	22.6±9.3	10.1±3.6
	弄弄坪	51.9±22.9	24.9±8.1	28.7±6.5	13.9±4.1
$PM_{2.5}$	下沙沟	22.4±8.7	10.6±3.8	6.0±2.4	3.8±1.9
	河门口	33.6±9.3	11.3±3.9	14.6±4.8	4.8±2.1
	弄弄坪	42.1±17.5	15.8±4.3	19.3±4.7	6.5±0.8

综上说明，碳质颗粒是攀枝花市大气污染物的重要组成成分，而且 OC 是主要的污染物。因此，应该加强对攀枝花市碳质颗粒的防排和治理。

5.3.3　OC 和 EC 的来源

燃煤、机动车尾气和生物质燃烧是大气中 OC 和 EC 的直接来源。相关统计数据资料显示(Streets et al.，2001)，我国燃煤和机动车尾气排放的 OC 和 EC 大概占全年总排放的 83%。EC 主要是由含碳物质不完全燃烧所产生的，是一次气溶胶颗粒，化学性质稳定，是一次污染源的指标。OC 则既来自一次排放，也来自二次转化。一次来源的 OC 和 EC 在大气中受不同气象条件影响的性质相似，因此，其质量浓度之间有较好的相关性。与一次粒子不同，二次转化的 OC 质量浓度则受其前体物质量浓度及影响转化过程的一些因素(如光照度、温度、湿度等)的影响。因此，很多学者根据 OC 和 EC 的相互关系及其质量浓度比(OC/EC)来判断 OC 和 EC 的来源及二次有机气溶胶的产生(周声圳，2014)。

图 5-16 为 $PM_{2.5}$ 中 OC 和 EC 的相关性分析图，相关系数 R^2 为 0.887，说明 OC 和 EC 有很好的相关性，二者来源基本相同且稳定。很多学者利用 OC 和 EC 的比值(OC / EC)进一步判断是汽车尾气还是燃煤来源，并根据该比值进一步判断是否有二次有机碳生成。通常认为，OC/EC 比较低时是汽车尾气来源，反之则认为是燃煤来源，通常 OC/EC 大于 2 时则认为有二次有机碳生成(Chow et al.，1996)。2014 年旱季和雨季，攀枝花市 OC/EC 平均为 3.2，最小为 1.2，最大为 5.6，由此可以推断出攀枝花市的碳质气溶胶主要来自工业燃煤，而且有二次有机碳的生成。

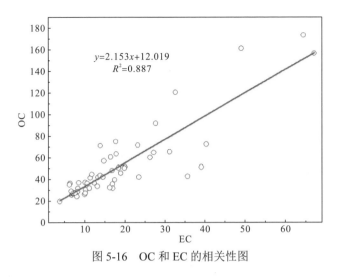

图 5-16　OC 和 EC 的相关性图

5.3.4　二次有机碳的估算

上述分析结果表明，攀枝花市大气可吸入颗粒物中一次 OC/EC 平均值为 3.2，说明有二次有机碳(secondary organic carbon，SOC)生成。根据 EC 示踪法，SOC 的质量浓度可利用经验公式进行估算：

$$SOC = TOC - EC \times (OC/EC)_{min} \tag{5-4}$$

式中，$(OC/EC)_{min}$ 为 OC、EC 一次源排放比 (OC/EC) 的最小值。

根据公式(5-4)计算攀枝花市 3 个采样点旱季和雨季 SOC 的质量浓度，结果见表 5-3。从表中可以看出，SOC 占 OC 的比例在 PM_{10} 和 $PM_{2.5}$ 中分别为 7.0%~28.0%、2.5%~22.0%，即二次气溶胶在有机碳含量中的占比较低，说明攀枝花市大气颗粒物中的有机碳主要是一次来源，主要是燃煤和汽车尾气。3 个区域相比，SOC 的含量在弄弄坪片区最高，其次为下沙沟片区，河门口片区最低。SOC 主要集中在 PM_{10} 中，粗粒子转化为 SOC 的比例较高，这与王广华(2010)、吴梦龙(2014)等在工业区的研究结果相似。

表 5-3　攀枝花市旱雨季 PM_{10} 和 $PM_{2.5}$ 中 SOC 质量浓度

项目	采样点	SOC/(μg·m⁻³)		SOC 在 OC 中的占比/%	
		旱季(1 月)	雨季(7 月)	旱季(1 月)	雨季(7 月)
PM_{10}	XSG	5.2±2.4	1.3±0.5	16.0	8.6
	HMK	2.2±1.5	0.7±0.5	9.7	7.0
	NNP	16.5±9.4	2.6±0.5	28.0	12.0
$PM_{2.5}$	XSG	2.2±0.9	1.6±0.8	8.9	2.5
	HMK	1.4±1.1	1.1±0.9	4.9	10.0
	NNP	3.5±2.1	3.2±2.1	11.0	22.0

5.3.5　与其他城市的对比分析

近年来，国内已广泛开展对碳质气溶胶的研究，为了进一步了解攀枝花市大气颗粒物中 OC 和 EC 的污染特征，将攀枝花市旱季颗粒物样品中 OC 和 EC 的分析结果和其他城市及我国西南地区大气背景观测站的观测结果做对比分析，结果见表 5-4。尽管攀枝花市在城市规模和城市类型方面都与其他城市有所不同，但横向对比有助于掌握研究区污染状况。从表 5-4 中数据可以看出，攀枝花市 PM_{10} 中的 EC 质量浓度显著高于国内大部分城市，与忻州采暖期质量浓度相当。与国内其他城市相比，攀枝花市 OC 质量浓度属于中等偏上的污染水平。与我国西南地区大气背景站云南朱张站 PM_{10} 中的 OC 和 EC 比较，攀枝花市 PM_{10} 中 OC 质量浓度为背景站的 12.7 倍，EC 浓度为背景站的 55.7 倍，说明当地的工矿业活动对攀枝花市大气环境产生了显著影响。

表 5-4　攀枝花市 PM 中 OC / EC 与其他城市和大气背景监测站点的比较

站点	采样时间	粒径	OC	EC	OC / EC	数据来源
攀枝花	2014.1	PM_{10}	39.4	16.7	2.4	本次研究
攀枝花	2014.1	$PM_{2.5}$	25.7	5.93	4.4	本次研究
合肥	2014 年冬季	PM_{10}	17.2	6.1		陈刚等，2016
合肥	2014 年冬季	$PM_{2.5}$	14.9	6.1		陈刚等，2016
昆明	2014.1	PM_{10}	21.7	6.6	3.3	盛涛，2014
昆明	2014.1	$PM_{2.5}$	21.2	6.3	3.4	盛涛，2014
西安	2010 年冬季	$PM_{2.5}$	38.3	7.3	5.36	张承中等，2013
兰州	2012 年冬季	$PM_{2.5}$	35.4	13.8	2.6	李英红，2015
忻州	2011.1	PM_{10}	24.0	20.8	<2.0	史美鲜等，2014
福州	2011.1	$PM_{2.5}$	15.2	2.2		陈衍婷等，2013
厦门	2011.1	$PM_{2.5}$	17.2	3.0		陈衍婷等，2013
泉州	2011.1	$PM_{2.5}$	17.3	2.6		陈衍婷等，2013
德州	2012.2	$PM_{2.5}$	16.8	3.6		刘泽常等，2014
乌鲁木齐	2013 年冬季	$PM_{2.5}$	19.8	5.3	3.1	刘新春等，2015
云南朱张站*	2004～2005 年	PM_{10}	3.1	0.3	11.9	周声圳，2014

注：*云南朱张站为我国西南地区大气背景站点。

5.4　可吸入颗粒物中苯并芘的分布特征

苯并芘（简称 BaP），它是多环芳香烃类化合物，化学式为 $C_{20}H_{12}$，结晶为黄色固体。燃煤和汽车尾气尤其是柴油车尾气是大气 BaP 的污染源(段小丽和魏复盛，2002)。因此，BaP 是一种日常生活或工业生产过程中产生的副产物，是在 $300\sim600℃$ 不完全燃烧状态下产生的。

$2012\sim2014$ 年，攀枝花环境空气中 BaP 的质量浓度分别为 $18.63ng/m^3$、$15.88ng/m^3$ 和 $5.56ng/m^3$，BaP 的质量浓度水平呈显著下降的趋势。与 2012 年相比，2014 年下降了 $13.07ng/m^3$。但与我国现行的《环境空气质量标准》(GB 3095—2012)中规定的 BaP 的年均二级质量浓度限值 $1.00ng/m^3$ 相比，攀枝花市环境空气中 BaP 质量浓度在 $2012\sim2014$ 年的超标倍数分别为 18.63、15.88 和 5.56 倍。与汤加云(1998)对攀钢片区 4 个监测点在 $1989\sim1996$ 年的 BaP 监测结果进行对比发现，近年来攀枝花市大气中 BaP 的质量浓度显著降低，这与攀枝花市政府一直致力于治理大气污染源有关。

从表 5-5 攀枝花市大气 BaP 质量浓度的空间分布特征来看，烧结焦化区 BaP 的质量浓度最高，南山居民区则相对较低。烧结焦化区是攀钢主体厂矿集中区，里面有焦化厂、炼铁厂、烧结厂、炼钢厂、初轧厂、轨梁厂等，80%的污染均来自这个片区。烂枣马区是生活区，但里面有耐火厂、铸造厂、线材厂及十九冶的一些小厂，因此该区污染比一般生活区严重，但比主厂矿污染要轻。南山区是生活区，烧的是煤气，污染主要来自厂矿废气、烟气、烟尘的扩散。

表 5-5　攀枝花市大气 BaP 质量浓度的空间分布特征　　　　单位：$μg/m^3$

年份	烧结焦化区 (SJJH)	烂枣马区 (LZM)	南山区 (NS)	瓜子坪 (GZP)	全市均值
2012	46.25	15.00	4.75	8.50	18.63
2013	38.25	13.00	7.00	5.25	15.88
2014	15.50	5.00	1.75	0	5.56

由于受气候特征和工业生产活动的影响，BaP 的质量浓度在不同区域并未呈现一致的季节分布规律。总体而言，2012 年，BaP 的质量浓度并未表现出强烈的受当地气候特征(即旱季和雨季)影响的显著季节分布规律(图 5-17)。2013 年，烧结焦化区一季度、四季度的 BaP 质量浓度显著高于其他季度，而烂枣马区则表现为二季度最高，南山区和瓜子坪片区则表现为一季度、二季度高于其他季

度(图 5-18)。2014 年,由于烂枣马区和瓜子坪片区部分数据缺失(图 5-19),在此不做讨论。烧结焦化区和南山区表现出相似的分布规律,即三季度、四季度质量浓度高,一季度、二季度质量浓度低。

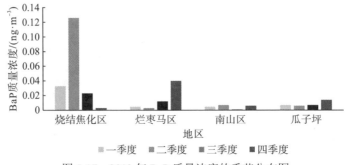

图 5-17   2012 年 BaP 质量浓度的季节分布图

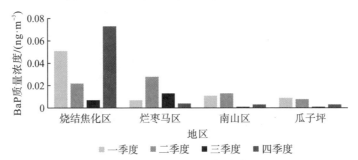

图 5-18   2013 年 BaP 质量浓度的季节分布图

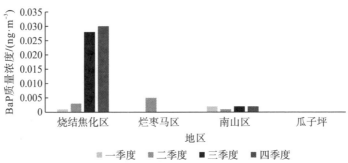

图 5-19   2014 年 BaP 质量浓度的季节分布图

总体而言,本研究期间(2012~2014 年)由于监测数据的有限性,攀枝花市大气 BaP 的质量浓度并未表现出显著的季节分布特征,但总体上呈现出三季度相对较低的分布规律,这也与汤加云(1998)对该 4 个监测点 1989~1996 年的监测结果基本一致。第三季度是雨季,下雨多,空气中的飘尘被雨水洗刷得多,因此 BaP 的质量浓度偏低。

5.5　无机水溶性离子分布特征

水溶性离子是大气颗粒物的一类重要组分(刀谞等，2015a)，占颗粒物质量的60%~70%(赵海瑞等，1995)。大气颗粒物的水溶性离子对人体健康、大气能见度和全球气候变化(孙韧等，2014)有重要影响。无机水溶性离子(主要包括 F^-、Cl^-、NO_3^-、SO_4^{2-}、Na^+、NH_4^+、K^+、Ca^{2+} 等)还直接影响了大气降水的酸度(高晓梅等，2011)。研究不同粒径颗粒物中水溶性离子的分布特征，对了解该类污染物的来源、质量浓度水平并分析其可能对人体健康造成的危害有着十分重要的意义(赵金平等，2010)。因此，对攀枝花市不同粒径大气颗粒物中无机水溶性离子的研究具有重要意义。以往只是对攀枝花市 PM_{10} 中 SO_4^{2-} 和 NO_3^- 展开过研究，而对其他无机离子的研究则相对较少，尤其是针对 $PM_{2.5}$ 中无机水溶性离子的研究还尚未见报道。

通过分析攀枝花市 3 个采样点 2014 年 1 月(旱季)和 7 月(雨季) PM_{10} 和 $PM_{2.5}$ 中 8 种水溶性离子(F^-、Cl^-、NO_3^-、SO_4^{2-}、Na^+、NH_4^+、K^+、Ca^{2+})的质量浓度水平、空间、时间分布特征及各种水溶性离子之间的相关性，探讨颗粒物中主要离子的结合方式和颗粒物的污染来源，进一步了解攀枝花市大气颗粒物水溶性离子的污染现状，从而为攀枝花市控制大气污染提供依据。

5.5.1　样品分析与测试

将采集的 PM_{10} 和 $PM_{2.5}$ 的 1/4 滤膜样品剪碎放入 50mL 的聚酯 PET 塑料瓶中，加入 20mL 去离子水，放入超声波清洗器在 30℃条件下超声提取 30min，使样品中的水溶性组分充分溶解，提取结束后取出样品静置，将提取液用 0.45μm 的微孔滤膜过滤后转入离心管中并定容，定容后的样品放入 4℃的冰箱保存，备用。使用瑞士万通 792Basic 离子色谱仪对样品中的阴离子(F^-、Cl^-、NO_3^- 和 SO_4^{2-})和阳离子(Na^+、NH_4^+、K^+ 和 Ca^{2+})进行定量分析。阴离子测定使用阴离子柱，型号为Metrosep A Supp 5(4mm×150mm)，淋洗液为 3.2mmol/L Na_2CO_3 和 1.0mmol/L $NaHCO_3$ 混合溶液，进样量为 25μL，流速为 0.8mL/min，进样时间为 19min，样品中有 4 种阴离子被检出并定量；阳离子测定用阳离子柱，阳离子柱型号为Metrosep C4-150(4mm×150mm)，淋洗液为 1.7mmol/L HNO_3 和 0.7mmol/L 的吡啶二甲酸混合溶液，流速为 0.8mL/min，进样时间为 25min，样品中有 4 种阳离子被检出并定量。F^-、Cl^-、NO_3^-、SO_4^{2-}、Na^+、NH_4^+、K^+ 和 Ca^{2+} 的方法监测限分别为0.001mg/L、0.001mg/L、0.002mg/L、0.002mg/L、0.001mg/L、0.002mg/L、0.001mg/L和 0.002mg/L。

配制不同质量浓度的混合标准溶液，采用外标一点法定量。结果(表 5-6)显示各离子标准曲线的相关系数均大于 99%。在样品计算时扣除被测离子的本底值，并根据标况体积转换得到各离子的空气质量浓度。

表 5-6　离子的标准样品质量浓度(μg/L)及其相关性

离子	5 种不同浓度的混合标准溶液					R^2
	浓度 1	浓度 2	浓度 3	浓度 4	浓度 5	
F^-	1.302	2.742	5.470	13.512	27.339	0.9999
Cl^-	4.522	8.807	17.593	44.246	91.775	0.9981
NO_3^-	5.647	10.216	19.768	48.888	99.294	0.9991
SO_4^{2-}	6.565	12.875	25.814	64.646	132.431	0.9991
Na^+	12.566	19.680	47.567	80.190	139.877	0.9913
NH_4^+	4.012	8.237	19.743	36.201	58.589	0.9990
K^+	15.265	24.850	62.430	121.862	243.003	0.9998
Ca^{2+}	16.355	40.845	94.081	198.185	387.167	0.9994

质量控制和质量保证：每个采样点用 1 个全程序空白来控制采样过程，每一批样品做 1 个实验室空白控制实验流程，每 10 个样品测试一个平行样，平行样品测定的相对偏差在 5% 以内，每 20 个样品测 1 个标准溶液来校验仪器性能。

5.5.2　水溶性离子的质量浓度水平

对攀枝花市 3 个监测点的旱季和雨季 PM_{10} 和 $PM_{2.5}$ 样品中的水溶性离子进行分析，样品中主要检出了 F^-、Cl^-、NO_3^-、SO_4^{2-}、Na^+、NH_4^+、K^+、和 Ca^{2+}，计算季度质量浓度平均值及标准差结果见表 5-7。

研究结果表明，攀枝花市的 $PM_{2.5}$ 和 PM_{10} 中，无机水溶性离子质量浓度在旱季和雨季整体上呈现一致的规律。NH_4^+ 和 Ca^{2+} 是质量浓度最高的阳离子，NH_4^+ 主要来源于 NH_3 同大气中的酸性气体反应，较高的 Ca^{2+} 反映了地表扬尘、建筑尘、矿尘及钢铁冶炼尘对大气颗粒物的贡献。SO_4^{2-} 是质量浓度最高的阴离子，SO_4^{2-} 主要由化石燃料燃烧产生的 SO_2 在颗粒物表面发生均相或非均相氧化产生。NO_3^- 的质量浓度在 $PM_{2.5}$ 和 PM_{10} 中均显著低于 SO_4^{2-} 和 NH_4^+，这与其他城市的研究成果有所不同，主要原因是大气颗粒物中的硝酸盐离子和硫酸盐离子，前者主要由机动车尾气排放产生的氮氧化物形成，后者主要源于工业生产、煤炭燃烧等。刀谓(2015b)在 2013 年对京津冀地区冬、夏两季 PM_{10} 和 $PM_{2.5}$ 中水溶性离子的观测中发现，NO_3^-、SO_4^{2-} 和 NH_4^+ 是京津冀地区 $PM_{2.5}$ 及 PM_{10} 中主要的污染离子，且 NO_3^- 的质量浓度最高。上述分析表明，燃煤对攀枝花市环境空气质量的影响不容忽视。

表 5-7　攀枝花市 3 个监测点 $PM_{2.5}$ 和 PM_{10} 中 8 种无机水溶性离子的质量浓度

监测项目		下沙沟 (μg/m³)		河门口 (μg/m³)		弄弄坪 (μg/m³)	
		旱季	雨季	旱季	雨季	旱季	雨季
$PM_{2.5}$	F^-	0.10 ± 0.05	0.09 ± 0.03	0.15 ± 0.05	0.11 ± 0.23	0.14 ± 0.03	0.11 ± 0.03
	Cl^-	1.47 ± 1.36	0.91 ± 0.06	0.10 ± 0.06	2.71 ± 1.06	4.29 ± 2.24	0.89 ± 0.28
	NO_3^-	3.50 ± 2.64	1.23 ± 0.43	4.11 ± 0.43	1.84 ± 0.36	3.85 ± 2.42	1.19 ± 0.03
	SO_4^{2-}	9.86 ± 2.24	4.17 ± 1.05	21.19 ± 5.01	12.96 ± 4.05	20.72 ± 9.04	13.21 ± 1.15
	Na^+	4.87 ± 2.83	1.18 ± 0.35	7.84 ± 0.89	7.68 ± 2.02	10.21 ± 1.89	5.53 ± 1.41
	NH_4^+	6.58 ± 1.50	4.26 ± 1.03	6.62 ± 2.13	4.34 ± 1.04	8.23 ± 2.39	5.64 ± 1.22
	K^+	0.71 ± 0.76	1.42 ± 0.65	4.24 ± 1.94	3.21 ± 2.03	4.25 ± 2.78	2.38 ± 1.01
	Ca^{2+}	5.95 ± 3.44	4.04 ± 2.02	5.45 ± 0.82	4.27 ± 0.09	5.48 ± 2.934	4.61 ± 2.37
PM_{10}	F^-	0.27 ± 0.05	0.11 ± 0.32	0.40 ± 0.10	0.16 ± 0.05	0.76 ± 0.45	0.15 ± 0.26
	Cl^-	1.51 ± 01.27	1.31 ± 0.25	1.43 ± 0.78	4.44 ± 1.01	5.16 ± 4.00	1.47 ± 0.41
	NO_3^-	4.29 ± 3.04	2.41 ± 0.96	4.84 ± 2.22	2.69 ± 0.85	4.23 ± 2.29	1.36 ± 0.89
	SO_4^{2-}	11.59 ± 3.81	7.66 ± 1.05	26.49 ± 4.29	16.93 ± 3.15	26.04 ± 8.65	17.75 ± 1.35
	Na^+	6.68 ± 2.58	5.73 ± 2.04	10.75 ± 0.82	11.74 ± 2.54	12.21 ± 2.61	5.78 ± 0.50
	NH_4^+	8.50 ± 2.34	6.49 ± 2.65	9.67 ± 2.00	5.70 ± 0.04	10.72 ± 4.17	7.64 ± 2.08
	K^+	3.18 ± 1.43	1.52 ± 0.65	4.48 ± 1.56	6.01 ± 1.01	5.67 ± 2.89	2.75 ± 0.47
	Ca^{2+}	12.82 ± 3.18	10.15 ± 2.6	16.03 ± 2.09	5.53 ± 2.09	16.94 ± 3.97	10.13 ± 3.26

　　水溶性离子随季节变化存在一定的规律。NH_4^+、SO_4^{2-} 和 NO_3^- 具有明显的季节变化特征，说明降水对这 3 种离子的清除效果明显。质量浓度最低的 F^- 的季节变化不明显，旱季和雨季的浓度相当。Cl^- 的浓度在河门口表现出雨季高于旱季，Cl^- 的质量浓度增高是燃煤活动的重要标志，同时 Cl^- 也是生物质燃烧的示踪元素，采样点周围在雨季的农业活动频繁，农业固废的燃烧对当地环境空气中 Cl^- 有一定的贡献。同时，考虑到河门口片区是综合工业区，区域内的燃煤电厂及大量露天堆放的煤矸石可能是 Cl^- 的主要来源。K^+ 的质量浓度在河门口 (PM_{10}) 和下沙沟 ($PM_{2.5}$) 也呈现雨季较高的态势，这说明了生物质燃烧源的影响。同时也发现，在 $PM_{2.5}$ 和 PM_{10} 中，Ca^{2+} 的季节变化相对不明显，Ca^{2+} 通常作为土壤颗粒来源的标志性元素，降水对土壤颗粒物有显著的冲洗效果，而 Ca^{2+} 所呈现的季节变化规律说明土壤来源只是攀枝花市大气颗粒物中 Ca^{2+} 的一部分污染来源，而当地持续高强度的工矿业活动，如石灰石矿的长期露天开采、建材厂和钢铁冶炼排放的飞灰，是攀枝花市大气颗粒物中 Ca^{2+} 的主要来源。

　　NH_4^+ 和 SO_4^{2-} 具有明显的空间分布特征，在钢铁冶炼区弄弄坪最高，在居民区下沙沟最低。其他水溶性离子的空间分布特征并不明显，整体表现为工业区高于居民区。

5.5.3　水溶性离子相关性分析

利用水溶性离子间的相关性，还可以反映其来源的同源性。对 $PM_{2.5}$ 及其水溶性离子进行相关性分析，结果见表 5-8。$PM_{2.5}$ 中的 Cl^-、SO_4^{2-}、NH_4^+、K^+ 和 Na^+ 具有较好的相关性，说明其具有相似来源，Cl^- 的主要来源有海盐和燃煤(张凯等，2008)，而攀枝花市地处我国内陆，不受海盐的影响；细粒子中 Na^+ 主要来自燃煤(白莹，2011)，SO_4^{2-} 和 NH_4^+ 由 SO_2 和 NO_x 的二次反应生成，因此可以判断 $PM_{2.5}$ 中 Cl^-、SO_4^{2-}、NH_4^+、K^+ 和 Na^+ 主要来自燃煤。SO_4^{2-}、NH_4^+、Ca^{2+}、Na^+ 和 K^+ 具有较好的相关性，说明它们具有相似的来源。SO_4^{2-} 和 NH_4^+ 是二次离子组分，可推断其主要来自二次硫酸盐，如硫酸铵、硫酸钙、硫酸钠和硫酸钾等硫酸盐颗粒。K^+ 和 Cl^- 具有较好的相关性，K^+ 通常被认为是生物质燃烧的标志性元素(代志光等，2014)，故认为 $PM_{2.5}$ 中有生物质燃烧来源的颗粒。F^- 和 Cl^- 具有较好的相关性，说明其有相似来源，细颗粒物中 F 和 Cl 主要来自化石燃料的燃烧。而 NO_3^- 和 SO_4^{2-} 具有较好的相关性，说明有二次颗粒物的生成。NH_4^+ 和 NO_3^- 没有明显的相关性，说明 NH_4^+ 主要以硫酸铵的形式存在于大气颗粒物中。Cl^- 和 NH_4^+ 存在较好的相关性，空气中有过剩的 NH_4^+，当硫酸、硝酸、氯化物共存时，因硫酸铵较稳定，铵首先与硫酸反应，再与其他粒子反应，所以当 NH_4^+ 质量浓度较高时，SO_4^{2-} 的存在以铵盐为主。

表 5-8　$PM_{2.5}$ 中水溶性离子与相关系数

项目	$PM_{2.5}$	F^-	Cl^-	NO_3^-	SO_4^{2-}	Na^+	NH_4^+	K^+	Ca^{2+}
$PM_{2.5}$	1								
F^-	0.319	1							
Cl^-	0.726**	0.674**	1						
NO_3^-	0. 326	0.026	0.413	1					
SO_4^{2-}	0.722**	0.577**	0.830**	0.452*	1				
Na^+	0.668**	0.337	0.677**	0.196	0.759**	1			
NH_4^+	0.699**	0.223	0.678**	0.430	0.821**	0.696**	1		
K^+	0.542*	0.447*	0.701**	0.430	0.976**	0.857**	0.633**	1	
Ca^{2+}	0.065	0.084	-0.126	-0.079	0.772**	0.218	0.243	0.068	1

注：**表示在 0.01 的显著性水平(双侧)上显著相关；*表示在 0.05 的显著性水平(双侧)上显著相关。

5.5.4　SO_4^{2-} 和 NO_3^- 的质量浓度比值

可以用 NO_3^- 与 SO_4^{2-} 的质量浓度比值来判断大气中 N 和 S 的固定源(如燃煤和石油等)和流动源(如机动车尾气)的相对重要性(刀谞等，2015a)。SO_2 主要来自煤的燃烧，NO_x 主要来源于机动车及燃煤的共同排放，用大气颗粒物中的 $[NO_3^-]/[SO_4^{2-}]$

值是否大于 1 来判断城市是以流动源污染为主还是以固定源为主(李粟等,2015),比值越大,说明流动源的贡献越大。通过分析攀枝花市 3 个采样点 PM_{10} 和 $PM_{2.5}$ 中的 $[NO_3^-]/[SO_4^{2-}]$ 值(表 5-9),说明攀枝花市的污染仍以固定源为主,以燃煤及工业生产为主要来源。对 3 个区域进行对比,下沙沟具有相对较大的 $[NO_3^-]/[SO_4^{2-}]$ 值,表明居民区受汽车尾气排放的影响较为明显。PM_{10} 中 $[NO_3^-]/[SO_4^{2-}]$ 值比 $PM_{2.5}$ 中大,说明气态硝酸更易与粗粒子中的土壤颗粒物反应或在其表面发生反应而存在于粗颗粒中(李粟等,2015)。

表 5-9　攀枝花市 $PM_{2.5}$ 和 PM_{10} 中 $[NO_3^-]/[SO_4^{2-}]$ 值

项目	下沙沟	河门口	弄弄坪	攀枝花市
$PM_{2.5}$	0.34	0.21	0.20	0.25
PM_{10}	0.40	0.32	0.23	0.32

5.5.5　攀枝花市 PM_{10} 和 $PM_{2.5}$ 中水溶性离子的质量平衡

阴阳离子质量平衡可以反映大气气溶胶的酸碱性(陈诚等,2014),而大气颗粒物的酸碱性对降水的 pH 有很重要的影响,它可能会引起降水的酸化,也可能对降水的酸性起到中和作用(沈振兴等,2007)。本书通过颗粒物中的总阳离子和总阴离子的当量比值 Q 及所测定气溶胶样品溶液的 pH 来分析攀枝花市旱、雨季颗粒物的酸碱性。Q 的计算方法如下,Q 大于 1 表示气溶胶样品中阴离子的酸性基本被中和。

$$Q = \left(\frac{[NH_4^+]}{18.0} + \frac{[K^+]}{39.1} + \frac{[Na^+]}{23.0} + \frac{[Ca^{2+}]}{20.0} \right) \div \left(\frac{[SO_4^{2-}]}{48.0} + \frac{[NO_3^-]}{62.0} + \frac{[Cl^-]}{35.5} + \frac{[F^-]}{19.0} \right) \quad (5-5)$$

由表 5-10 可知,攀枝花市 3 个采样点 PM_{10} 和 $PM_{2.5}$ 的 Q 值都小于 1,表明攀枝花市大气颗粒物中的阳离子亏损,说明攀枝花市大气颗粒物组分偏弱酸性,对样品溶液 pH 的测定结果显示,其变化范围为 5.66~6.15。样品中阴阳离子较高的相关性表明本书所分析的离子是 $PM_{2.5}$ 和 PM_{10} 中水溶性组分的主要组成,没有重要的离子遗漏。

表 5-10　采样期间旱雨两季攀枝花市 3 个采样点的 Q 值

季节		下沙沟	河门口	弄弄坪	攀枝花市
旱季	$PM_{2.5}$	0.71	0.83	0.91	0.82
	PM_{10}	0.86	0.98	0.85	0.91
雨季	$PM_{2.5}$	0.83	0.72	0.95	0.79
	PM_{10}	0.91	0.69	0.71	0.79

5.5.6 与其他城市的对比分析

表 5-11 为攀枝花市 $PM_{2.5}$ 和 PM_{10} 中水溶性离子 SO_4^{2-}、NO_3^- 和 NH_4^+ 的质量浓度与国内部分城市和空气质量背景观测站的比较，结果表明攀枝花市 $PM_{2.5}$ 中 SO_4^{2-} 的质量浓度跟成都、重庆相差不大，但明显高于昆明市 SO_4^{2-} 的质量浓度；NO_3^- 的质量浓度高于昆明和重庆 NO_3^- 的质量浓度，但显著低于济南、乌鲁木齐等城市的质量浓度；攀枝花市 $PM_{2.5}$ 中 NH_4^+ 的质量浓度与西安市 NH_4^+ 的质量浓度相当，但略低于成都、北京、济南等城市。与衡山大气背景观测站 SO_4^{2-} 和 NO_3^- 的质量浓度相比，攀枝花市 PM_{10} 中 SO_4^{2-} 和 NO_3^- 超过背景站点约 2.0 和 2.3 倍，$PM_{2.5}$ 中 SO_4^{2-} 和 NO_3^- 超过背景站点约 1.7 和 1.8 倍。与国内其他城市相比，攀枝花市大气颗粒物中水溶性无机组分质量浓度处于较低水平。

表 5-11 攀枝花市 PM 中部分水溶性无机离子与其他城市的比较

站点	采样时间/年	粒径	$[SO_4^{2-}]/(\mu g \cdot m^{-3})$	$[NO_3^-]/(\mu g \cdot m^{-3})$	$[NH_4^+]/(\mu g \cdot m^{-3})$	数据来源
攀枝花	2014	PM_{10}	17.13	3.31	8.13	本次研究
攀枝花	2014	$PM_{2.5}$	14.18	2.68	5.93	本次研究
成都	2013~2014	PM_{10}	5.07	4.78	2.24	蒋燕等，2016
成都	2013~2014	$PM_{2.5}$	19.67	15.70	9.91	蒋燕等，2016
西安	2006~2007	$PM_{2.5}$	27.9	12	7.6	沈振兴等，2007
重庆	2004~2005	$PM_{2.5}$	13.89	0.42	1.99	王同桂，2007
昆明	2013~2014	$PM_{2.5}$	6.57	0.52	0.79	毕丽玫，2015
济南	2008	$PM_{2.5}$	38.33	15.77	21.16	高晓梅，2012
北京	2008	$PM_{2.5}$	32.90	13.95	16.34	高晓梅，2012
乌鲁木齐	2013	$PM_{2.5}$	27.59	12.64	11.22	刘新春等，2015
衡山观测站	2008	$PM_{2.5}$	8.42	1.47	—	高晓梅，2012

5.6 微量元素的分布特征

微量元素是大气可吸入颗粒物最重要的组成成分，颗粒物中微量元素的质量浓度既能反映大气环境的质量，也是评价其健康效应的重要参数。研究颗粒物中微量元素的组成特征还可以根据颗粒的化学成分对颗粒物的来源进行解析。目前，对于大气颗粒物中微量元素质量浓度的研究已有较多报道，人为活动被认为是大气颗粒物中微量元素的主要来源，而矿山开采、钢铁冶炼和火力发电等被认为是引起空气污染最主要的人为活动。由于煤的燃烧量巨大，因此微量元素的排放对环境的影响很大，特别是一些微量元素的毒性大、化学稳定性好，且不易从空气中清除，所以对环境和健康具有很大的危害性。

　　近年来，已有学者对攀枝花市 PM$_{10}$ 中常量元素的组成特征展开过研究，而对微量元素的研究则较少，尤其是对细颗粒物中微量元素的分布特征目前尚未发现有报道。因此，在充分研究攀枝花市可吸入颗粒物中含碳组分、水溶性无机离子和单颗粒表面元素分布特征的基础上，利用 ICP-MS 分析攀枝花市 PM$_{10}$ 和 PM$_{2.5}$ 中的 20 种元素(Fe、As、Ba、Bi、Cd、Co、Cr、Cu、Mn、Ni、Pb、Sb、Sc、Sr、Th、Ti、Tl、U、V、Zn)，开始侧重于对可吸入颗粒中有毒重金属的研究，从而对深入揭示攀枝花市大气颗粒物的污染水平、解析可吸入颗粒的来源和评价颗粒物的健康风险都具有重要意义。

5.6.1　样品分析与测试

　　所研究的样品为 2014 年在攀枝花市 3 个采样点采集的 PM$_{10}$ 和 PM$_{2.5}$ 样品，共计 720 个有效样品(其中，PM$_{10}$ 样品有 360 个，PM$_{2.5}$ 样品有 360 个)，采样所使用的滤膜为 Whatman 石英滤膜，为了研究 PM$_{10}$ 和 PM$_{2.5}$ 中微量元素的组成特征，将颗粒物样品按季节分为冬季样品(12 月、1 月、2 月)、春季样品(3～5 月)、夏季样品(6～8 月)和秋季样品(9～11 月)。

　　样品的前处理采用 HNO$_3$-HF 高温高压密封消解体系，具体方法如下。用陶瓷剪刀将 1/4 石英滤膜剪碎放入消解罐中，依次分别加入 3mL HF 和 2mL HNO$_3$，加盖于室温静置 8h，后将消解罐置于恒温烘箱中于 100℃预热 1h，再调至 180℃进行 24h 消解；关电源，冷却至室温并取出消解罐；将内胆取出置于电热板上，温度调至 120℃加热至蒸干；然后加 1mL HNO$_3$ 赶 HF 加热至蒸干，重复两次，确保无 HF 残留；冷却后，用移液枪依次加入 1mL HNO$_3$、1mL 1000ng/mL Rh 内标、3mL 超纯水；其间移液枪头要经常更换，以免污染分析溶液。盖上装罐，放入烘箱，将温度调至 100℃预热 1h，再将温度调至 140℃加热 8h 溶解残渣；关电源，待罐冷却后将内胆取出，用移液枪吸取 1mL 溶液至 10mL 离心管中，最后用超纯水定容至 10mL；摇匀后待机测定。

　　质量控制和质量保证：实验过程中考虑了程序空白(样品程序空白和试剂空白)对实验结果的贡献，程序空白对本次研究中 As、Ba、Bi、Cd、Co、Cr、Cu、Mn、Ni、Pb、Sr、Sb、Ti、Tl、U、V、Fe 和 Zn 的贡献分别为 0.13mg/kg、32.22mg/kg、0.33mg/kg、0.10mg/kg、0.24mg/kg、8.36mg/kg、0.99mg/kg、4.42mg/kg、2.62mg/kg、2.06mg/kg、6.34mg/kg、0.56mg/kg、18.48mg/kg、0.01mg/kg、0.52mg/kg、0.19mg/kg、0.02mg/kg 和 21.00mg/kg，样品的测试值为扣除空白之后的值。同时，用空白平行测定法做元素的方法检测限，其中 As、Ba、Bi、Cd、Co、Cr、Cu、Mn、Ni、Pb、Sr、Sb、Ti、Tl、U、V、Fe 和 Zn 的检测限分别为 0.012mg/kg、0.621mg/kg、0.003mg/kg、0.027mg/kg、0.054mg/kg、0.183mg/kg、0.108mg/kg、0.303mg/kg、0.759mg/kg、0.225mg/kg、0.180mg/kg、0.029mg/kg、0.314mg/kg、0.0006mg/kg、0.0006mg/kg、

0.186mg/kg、0.106mg/kg 和 0.009mg/kg。分析采用国家一级标准物质石灰岩土壤 (GBW07404)（我国国家标准物质中心）作为标样，标样中各元素的回收率分别为 As：97.8%、Ba：94.5%、Bi：98.0%、Cd：103.0%、Co：95.9%、Cr：98.9%、Cu：94.3%、Mn：96.8%、Ni：103.6%、Pb：95.6%、Sr：96.0%、Sb：89.5%、Ti：97.2%、Tl：95.8%、U：93.3%、V：99.6%、Fe：95.7%和 Zn：103.4%。实验中所需的酸均为微电子级，其他试剂均为优级纯，实验中所用水均为超纯水(18.5MΩ)。消解后用 ICP-MS 分析样品中各元素的含量，然后扣除空白对样品的贡献，再根据采样体积核算出每种元素在大气中的质量浓度。

5.6.2　PM 中微量元素质量浓度水平

总体来看（表 5-12、表 5-13），Fe、Zn、Ti、Pb、Mn、V、Cr 和 Cu 是攀枝花市 PM_{10} 中的主要组成元素，其中 Fe 的含量最高，在下沙沟片区 Fe 的年平均质量浓度为 1418.54ng/m^3，弄弄坪片区为 2262.67ng/m^3，河门口片区为 2675.95ng/m^3。受区域内巴关河渣场高炉渣堆存的影响，河门口片区大气颗粒物中 Fe 的质量浓度最高。总体来看，PM_{10} 中重金属元素的质量浓度均为工业区高于居民区。

攀枝花市 PM_{10} 中 As 的年平均值为 10.54ng/m^3，高于国家标准规定的年均剂量限值 6ng/m^3，其中弄弄坪片区高出标准值约 2.1 倍，河门口高出约 1.2 倍，下沙沟高出约 1.9 倍，攀枝花市大气颗粒物中 As 的影响应该引起重视。由表 5-13 可知，$PM_{2.5}$ 中元素总质量浓度约占 PM_{10} 中元素总质量浓度的 65%，说明大部分金属元素主要分布在细粒径的颗粒物中。总体来看，$PM_{2.5}$ 中金属元素的分布特征与 PM_{10} 中类似，Fe、Zn、Ti、Pb、Mn、V、Cr 和 Cu 是 $PM_{2.5}$ 中的主要组成元素。攀枝花市 $PM_{2.5}$ 中 As 的年平均值为 8.56ng/m^3，高于国家标准规定的年均剂量限值 6ng/m^3，3 个采样点 As 的年平均质量浓度均高于剂量标准值，其中弄弄坪采样点高出标准值约 1.8 倍，河门口高出约 1.3 倍，下沙沟高出约 1.2 倍。

由于受天气条件的影响，攀枝花市大气 PM_{10} 和 $PM_{2.5}$ 中的微量元素分布具有明显的季节变化特征，金属元素的质量浓度均为冬、春季高于夏、秋季，整体呈现冬季＞春季＞秋季＞夏季的分布趋势。夏季，高强度的降水对大气颗粒物及其携带的重金属污染物具有明显的清除作用，相关研究表明，40%～90%的重金属会随着湿沉降而被除去(杨忠平等，2009)。

5.6.3　与其他城市的对比分析

与国内其他城市大气可吸入颗粒物中的元素质量浓度进行对比分析（表 5-14），结果表明，攀枝花市大气可吸入颗粒物中 Ti 的质量浓度与抚顺市大气颗粒物中 Ti 的质量浓度相当，但远高于国内其他城市（如北京、天津、石家庄和成都等城市）可

表 5-12　攀枝花市 3 个采样点 PM$_{10}$ 中微量元素浓度统计表　　　　单位: ng/m³

元素	下沙沟 冬季	春季	夏季	秋季	年度	河门口 冬季	春季	夏季	秋季	年度	弄弄坪 冬季	春季	夏季	秋季	年度
As	13.48	11.60	7.57	8.93	11.60	7.04	32.33	5.17	6.29	7.52	15.19	12.48	10.97	11.31	12.49
Ba	131.20	101.15	55.25	123.00	99.92	136.74	105.78	59.22	143.04	114.63	142.53	37.01	80.63	120.98	112.79
Bi	6.80	5.75	2.45	3.28	4.52	7.31	8.41	4.37	6.60	6.97	23.52	13.29	6.21	14.06	15.30
Cd	1.70	1.22	1.02	1.08	3.46	6.53	18.75	0.97	0.81	7.35	36.71	6.03	6.53	11.48	12.79
Co	1.50	4.66	1.41	1.63	2.38	5.86	9.71	3.17	3.10	5.48	7.39	10.52	5.80	8.38	7.95
Cr	36.99	41.28	26.27	30.10	33.80	45.82	127.59	33.57	38.95	42.74	51.56	56.81	45.92	52.44	51.66
Cu	69.05	333.74	55.13	55.03	135.59	326.70	314.95	253.05	357.55	308.13	502.05	538.93	326.23	416.64	432.66
Mn	73.46	75.51	57.99	76.48	71.43	268.70	184.99	120.60	226.78	206.60	246.93	383.34	204.21	222.88	262.40
Ni	13.89	18.28	11.55	12.75	14.28	40.97	64.20	13.53	18.19	30.58	57.44	53.11	206.61	66.66	50.34
Pb	88.03	133.31	77.57	97.82	98.48	293.60	299.26	114.16	211.32	241.45	735.34	911.85	288.97	350.41	589.83
Sb	6.93	3.61	2.18	5.60	4.39	8.07	3.51	1.92	9.49	6.34	8.33	4.21	2.36	5.73	5.51
Sc	1.10	4.58	0.47	0.70	1.80	2.31	5.31	0.79	1.68	2.73	2.31	12.30	1.13	1.17	4.01
Sr	19.29	24.29	13.43	15.52	18.53	33.28	38.38	25.32	31.65	33.00	40.85	86.65	31.82	37.05	48.18
Ti	278.83	176.22	82.25	236.81	193.52	268.28	368.92	378.97	313.60	332.44	391.41	232.58	214.35	361.92	300.65
Tl	1.20	1.49	0.41	1.33	1.11	1.87	0.83	0.87	2.50	1.52	3.43	4.35	1.23	4.61	3.40
U	2.21	2.00	1.56	1.60	1.84	2.03	1.82	1.55	2.26	1.92	2.01	1.95	1.70	1.46	1.78
V	19.61	49.97	19.98	19.50	28.12	57.52	64.63	167.81	118.71	95.12	112.89	134.95	95.15	113.05	111.92
Zn	164.45	157.06	134.07	257.15	274.55	684.47	679.77	446.10	856.35	655.98	641.93	984.49	566.02	525.47	675.31
Fe	1694.5	1560.91	1242.73	1176.02	1418.54	2792.12	2420.34	2175.56	3315.79	2675.95	2047.39	1054.52	3286.96	2661.82	2262.67

表 5-13　攀枝花市 3 个采样点 $PM_{2.5}$ 中微量元素浓度统计表

单位：ng/m^3

元素	下沙沟					河门口					弄弄坪				
	冬季	春季	夏季	秋季	年度	冬季	春季	夏季	秋季	年度	冬季	春季	夏季	秋季	年度
As	9.70	7.58	4.89	6.18	7.09	5.78	11.67	6.24	8.25	7.99	9.46	16.84	9.23	6.89	10.61
Ba	108.73	114.16	48.69	65.04	84.16	59.87	113.04	37.92	99.40	77.56	69.67	45.63	21.32	69.84	51.62
Bi	4.76	4.83	2.14	5.78	4.38	3.07	5.12	2.36	4.59	3.79	17.89	9.56	5.19	11.04	10.92
Cd	9.43	4.17	3.33	5.27	5.55	4.84	12.61	1.53	1.79	5.19	26.98	5.89	4.31	7.24	11.11
Co	2.14	2.97	1.32	1.74	2.04	3.59	6.23	2.19	2.56	3.64	3.56	4.67	3.25	6.99	4.62
Cr	31.95	29.49	23.31	26.32	27.77	34.52	79.86	29.45	27.58	42.85	31.86	42.85	34.79	38.94	37.11
Cu	58.32	21.59	35.62	39.63	38.79	218.58	196.74	99.83	173.14	172.07	369.73	298.89	132.14	167.88	242.16
Mn	68.45	56.83	37.98	69.42	58.17	214.35	132.34	86.45	165.89	149.76	212.56	167.9	97.95	12.34	122.69
Ni	11.25	16.73	9.27	9.79	11.76	31.86	45.34	9.79	17.21	26.05	49.00	32.16	84.62	61.03	56.70
Pb	81.69	109.8	57.13	63.82	78.11	194.58	165.83	79.83	144.65	146.22	342.56	478.92	135.63	267.96	306.27
Sb	5.23	3.98	2.19	3.86	3.82	7.01	3.85	1.09	5.43	4.35	6.78	3.25	1.79	3.24	3.77
Sc	1.10	2.25	0.54	0.65	1.14	1.46	4.38	0.59	1.73	2.04	1.21	7.63	1.25	1.11	2.80
Sr	15.85	19.23	9.67	13.28	14.51	27.84	31.15	19.97	22.67	25.41	32.85	69.62	23.78	29.42	38.92
Ti	356.91	398.96	425.23	238.91	355.00	1198.7	986.32	342.67	756.89	821.15	976.13	678.90	326.89	749.43	682.84
Tl	1.20	1.49	0.41	1.33	1.11	0.92	0.56	0.32	1.95	0.94	2.79	2.65	1.02	3.54	2.50
U	1.76	1.32	1.01	1.43	1.38	1.33	1.56	1.09	1.78	1.44	1.66	1.23	0.97	1.01	1.22
V	9.24	22.48	16.37	12.25	15.09	45.39	53.86	24.55	109.12	58.23	94.67	99.15	45.56	53.21	73.15
Zn	145.36	121.69	69.98	189.23	131.57	368.93	392.16	129.56	456.78	336.86	376.23	312.84	269.55	312.34	317.74
Fe	2350	220	990	1670	1800	2590	3420	980	2110	2270	2000	980	1090	1780	1710

表 5-14 攀枝花市 PM$_{10}$ 中微量元素 (ng/m^3) 与其他城市的比较

站点	采样时间/年	Ti	V	Cr	Mn	Fe	Co	Ni	Cu	Zn	Pb	As	Cd	Ba
攀枝花 (本次研究)	2014	275.5	109.5	68.8	180.1	2100	5.3	31.7	292.1	352.0	309.9	10.5	7.9	109.1
北京 (张霖琳等, 2014)	2013	73.0	8.5	73.6	136.9	1700	3.4	17.5	78.5	0.6	258.3	21.9	3.59	58.0
天津 (张霖琳等, 2014)	2013	88.2	9.6	40.1	140.7	3200	3.7	12.3	82.9	0.8	343.3	19.1	4.7	73.8
石家庄 (张霖琳等, 2014)	2013	131.9	10.5	116.2	136.3	2500	3.5	12.6	165.8	0.8	359	18.5	4.2425	94.6
肇庆 (杨勇杰等, 2008)	2006		15.4								216.2	31.8		
抚顺 (余涛等, 2008)	2005			22.3	40.6			5.7			218.0	12.1	2.3	
锦州 (余涛等, 2008)	2007			35.3	49.9			18.3			264.0	29.3	3.4	
鞍山 (余涛等, 2008)	2007			40.8	47.4			11.4			376.0	36.9	5.9	
武汉 (Lv et al., 2006)	2008		11.5	14.0	155.6			6.5		723.2	415.6	46.9		
太原 (杨弘, 2014)	2012~2013			92.9	170.4	3800		79.3	349.1		402.7		4.3	
成都 (Tao et al., 2014)	2011	50.0	1.7	20.0	66.0	700		2.5	23.0	350.0	172.0	20.0	3.5	22.0
抚顺 (王嘉珺等, 2012)	2006~2007	286.0		46.5		1700	4.8	7.1	38.2	34.7	18.7	1.5	0.5	

吸入颗粒物的质量浓度。攀枝花市可吸入颗粒物中 V 的年均质量浓度值高于我国大气颗粒物中 V 的平均质量浓度水平($18.7ng/m^3$)约 5.8 倍。已有研究表明，环境大气中 V 的主要来源有 3 个：①岩石的风化；②煤、石油等化石燃料的燃烧；③钒钛磁铁矿的开采和冶炼。而攀枝花市包括了所有来源，相关研究表明，攀枝花市近地表环境介质 V 污染已经对当地人民的身体健康产生了危害。

工业活动中的除尘措施以有效地降低或减少含 V 颗粒的排放量为主。从整体分析结果来看，与攀枝花钒铁磁铁矿伴生或共生的元素在攀枝花市大气颗粒物中的质量浓度都较高，如 Cr、Co、Ni、Mn 等，这也更加突出了工业活动对当地大气环境的影响。攀枝花市可吸入颗粒物中 Cr、Mn、Fe、Co、Ni 和 Pb 的质量浓度水平与北京、天津和石家庄颗粒物中的质量浓度水平相当。Lv 等(2006)对武汉重金属进行的来源解析研究表明，熔炼、钢铁生产是工业区 Pb、Cd、As 和 Cr 的主要来源，其排放的重金属通过大气输送成为城市空气中重金属的主要来源。总之，与国内其他城市相比，攀枝花市大气可吸入颗粒物中部分金属元素的质量浓度水平高于国内其他城市，当地的工矿业活动是其主要来源，需加强控制。若要准确评价金属颗粒物的污染程度，还需要对颗粒物中的金属元素做进一步评价。

5.6.4　微量元素的来源探讨

大气颗粒物中微量元素的来源广泛，主要有自然源和人为源。自然源主要包括地表扬尘、风沙尘、海盐粒子等，人为源则主要包括钢铁冶炼尘、采矿尘、机动车排放尾气、化石燃料和生物质燃烧等。矿业城市几乎包括了所有类型的污染来源，与其他城市相比，矿业城市大气颗粒物中微量元素的来源更为复杂，不同国家和不同地区因其经济水平、能源结构及管理方式的不同，大气颗粒物及其重金属的来源差异明显。因此，判断大气颗粒物中金属污染物的来源并对主要污染源进行识别和定量，是制订城市空气质量改善措施的基础。

目前，判断大气颗粒物中金属元素来源的方法有很多，如富集因子法、化学质量平衡法、聚类分析法、主成分分析法及扫描电镜显微分析法等。本次研究中作者采用富集因子法和主成分分析法对攀枝花市不同粒径大气颗粒物中重金属元素的来源进行解析。

1. 富集因子分析

富集因子(enrichment factor，EF)用以表示大气颗粒物中元素的富集程度，通过其值可以判断和评价颗粒物中元素的自然来源和人为来源。另外，富集因子也能够表征元素进入颗粒物中的迁移能力，它不受风速、风向等气象因子的影响。富集因子的计算公式如下(杨弘，2014)：

$$EF = (C_i / C_r)_{颗粒物} / (C_i / C_r)_{地壳} \tag{5-6}$$

式中，C_i 为元素 i 的质量浓度；C_r 为参比元素的质量浓度；$(C_i/C_r)_{颗粒物}$ 为所测颗粒物中 i 元素质量浓度与参比元素质量浓度的比值；$(C_i/C_r)_{地壳}$ 为所测地壳中 i 元素质量浓度与参比元素质量浓度的比值。

EF 值越大，表示元素富集的程度越大。通常认为，当 EF＞10 时，表明该元素是受人为活动的影响在大气中富集，EF≤1 时，表明岩石风化或土壤的天然尘埃是该元素的主要来源，1＜EF≤10 时，表明两种源均有贡献。富集因子计算过程中的参比元素一般选取表生地球化学活动性弱、受人类活动影响较小的稳定地壳元素，常用的有 Al、Ti、Fe、Sc 等(魏复盛等，2001)。本次研究选取 Fe 为参比元素。为了使评价结果更符合当地的实际情况，采用攀枝花市土壤背景值(赵培道等，1985)作为本次研究的背景值。用 PM_{10} 中全年的金属颗粒物质量浓度数据计算出攀枝花市 3 个采样点的富集因子，结果如图 5-20 所示。

图 5-20 中的数据表明，PM_{10} 中元素 As、V、Ni、Cr、Co、Sr、Mn、U 和 Ba 在 3 个采样点的 EF 值为 1～10，表明它们是混合源贡献的结果，既有自然来源也有人为来源，尤其是元素 V、Ni、Cd、Cr、U，其富集因子趋近 10，说明人为源的贡献占主导地位；元素 Cd、Ti、Tl、Cu、Zn、Pb 和 Sb 的富集因子在 3 个采样点处为 10～100，表明它们以人为来源为主，并且富集因子越大，表示污染越严重；Bi 的 EF 值在 3 个采样点处都大于 100，表明 Bi 在攀枝大气颗粒物中高度富集。从富集因子的整体分布特征来看，各种元素的富集程度几乎均为弄弄坪最高，下沙沟最低，表明工业活动排放是微量元素迁移进入颗粒物的主要途径。

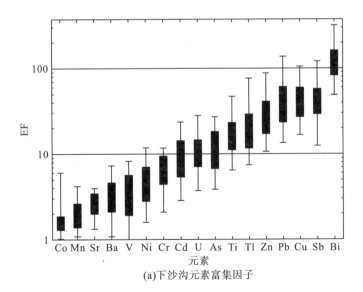

(a)下沙沟元素富集因子

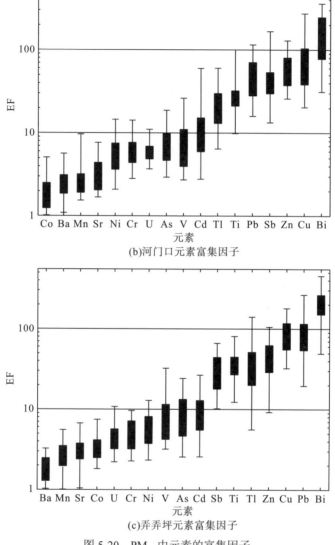

(b)河门口元素富集因子

(c)弄弄坪元素富集因子

图 5-20 PM$_{10}$ 中元素的富集因子

2. 主成分分析

主成分分析（principal component analysis，PCA）法是研究环境中污染物来源的最常用的方法之一，旨在用降维的思想建立尽可能少的新变量，即主成分。目前，该法已广泛应用于大气颗粒物污染源解析方面。本次研究应用 SPSS 22.0 软件对攀枝花市不同粒径大气颗粒物中元素质量浓度数据进行最大方差旋转主因子分析，共识别出特征值大于 1 的 4 个主要因子，结果见表 5-15 和表 5-16。

表 5-15　攀枝花市 PM$_{10}$ 中元素的因子负荷矩阵

PM$_{10}$	下沙沟				河门口				弄弄坪			
	因子 1	因子 2	因子 3	因子 4	因子 1	因子 2	因子 3	因子 4	因子 1	因子 2	因子 3	因子 4
As	0.555	-0.394	0.296	-0.566	-0.065	0.810	0.360	0.361	-0.804	0.002	0.524	-0.026
Ba	0.874	-0.334	0.223	0.252	0.812	0.112	0.347	0.348	0.594	0.788	0.077	0.054
Bi	0.091	-0.710	0.114	-0.292	0.877	0.314	-0.039	-0.258	-0.964	0.173	0.172	0.06
Cd	0.651	-0.249	0.439	0.497	0.966	-0.050	-0.204	-0.127	-0.807	0.549	0.167	0.050
Co	-0.037	0.908	-0.194	0.115	0.984	-0.040	-0.147	-0.069	-0.063	-0.876	0.398	0.162
Cr	0.724	0.507	0.360	-0.254	0.805	-0.444	0.349	0.045	0.972	0.078	0.175	0.122
Cu	-0.177	-0.285	0.709	0.459	0.427	-0.121	0.097	0.503	0.833	0.494	0.019	0.073
Mn	0.038	0.773	0.597	-0.098	0.503	0.331	-0.379	0.584	0.195	-0.915	0.151	0.128
Ni	0.779	0.570	-0.118	-0.167	0.972	-0.101	-0.136	-0.131	0.739	0.498	0.336	-0.260
Pb	0.767	0.246	-0.321	0.349	0.085	0.859	0.354	-0.297	-0.943	0.220	0.194	0.096
Sb	0.897	-0.416	0.037	-0.005	0.955	0.204	-0.173	0.019	0.068	0.930	0.137	0.113
Sc	0.187	-0.452	0.658	-0.509	0.940	0.110	-0.225	-0.051	0.276	0.318	0.190	0.866
Sr	0.943	0.072	-0.126	-0.221	0.968	-0.213	-0.044	-0.074	0.810	0.084	0.395	-0.218
Th	0.972	0.034	-0.096	0.113	0.905	-0.373	0.081	-0.002	0.952	0.036	-0.015	0.037
Ti	-0.241	0.760	0.590	-0.117	-0.157	-0.554	0.579	0.221	0.613	-0.309	0.688	-0.114
Tl	0.230	0.772	0.172	-0.284	0.952	0.246	-0.143	-0.091	-0.845	0.432	0.152	0.129
U	0.958	-0.187	0.029	0.197	0.860	-0.369	0.240	0.078	0.843	0.523	-0.019	0.034
V	-0.438	0.092	0.556	0.594	0.517	0.645	0.535	-0.042	0.281	-0.820	0.305	0.142
Zn	0.862	0.317	-0.125	0.275	0.223	-0.223	0.800	-0.251	-0.593	0.490	0.525	-0.235
Fe	0.379	0.840	0.490	0.413	0.780	0.340	0.084	0.036	0.891	0.428	0.275	0.339
方法百分率/%	41.562	24.640	13.944	10.777	57.414	16.040	11.381	6.190	50.391	29.189	9.354	5.615
累积负荷/%	41.562	66.202	80.146	90.923	57.414	73.454	84.835	91.025	50.391	79.580	88.934	94.549

表 5-16　攀枝花市 PM$_{2.5}$ 中元素的因子负荷矩阵

PM$_{2.5}$	下沙沟				河门口				弄弄坪			
	因子 1	因子 2	因子 3	因子 4	因子 1	因子 2	因子 3	因子 4	因子 1	因子 2	因子 3	因子 4
As	0.312	0.365	0.024	-0.877	0.349	0.655	-0.006	0.639	-0.085	0.776	-0.150	0.312
Ba	0.098	0.906	0.290	0.294	0.322	0.113	0.840	-0.213	0.291	0.240	0.815	0.326
Bi	0.903	-0.092	-0.377	0.182	-0.479	0.747	-0.320	-0.117	-0.646	0.733	-0.145	-0.133
Cd	-0.181	0.943	0.260	0.106	-0.631	-0.127	0.709	0.219	-0.793	0.507	0.147	0.218
Co	0.786	-0.55	-0.255	0.124	0.805	-0.217	0.380	0.274	0.554	0.503	-0.529	-0.282
Cr	0.924	0.348	0.085	0.133	0.962	0.010	0.183	-0.173	0.961	0.136	0.003	0.176
Cu	-0.581	-0.056	0.567	0.580	-0.100	0.281	0.723	-0.115	-0.450	-0.237	0.225	0.378
Mn	0.158	-0.633	0.728	0.210	0.001	-0.586	-0.090	0.729	0.544	-0.230	0.211	-0.616
Ni	0.963	-0.248	-0.104	0.035	0.986	0.032	-0.027	0.057	0.965	0.244	0.015	0
Pb	0.833	-0.037	-0.431	0.344	-0.482	0.845	-0.155	0.075	-0.591	0.776	-0.101	-0.119
Sb	0.583	0.803	0.121	-0.033	0.897	0.323	0.080	-0.131	0.360	0.564	0.661	0.129
Sc	-0.978	-0.080	-0.191	0.001	0.369	0.479	0.309	0.664	0.392	-0.048	-0.261	0.692
Sr	0.960	0.275	0.038	0.032	0.980	0.074	0.010	-0.145	0.793	0.224	-0.289	0.048
Th	0.964	0.086	-0.19	0.165	0.983	0.085	-0.010	-0.142	0.943	0.102	0.240	-0.128
Ti	0.494	-0.388	0.710	-0.319	0.908	0.062	-0.204	-0.268	0.693	0.579	-0.169	-0.300
Tl	0.917	-0.213	0.338	-0.014	-0.777	0.520	-0.009	-0.157	-0.500	0.795	-0.189	-0.083
U	0.958	0.251	0.136	-0.015	0.972	0.030	0.048	-0.189	0.891	0.091	0.391	-0.090
V	-0.992	0.032	-0.017	-0.118	-0.722	0.173	0.550	-0.266	0.619	0.290	-0.540	0.390
Zn	0.897	-0.242	0.256	-0.267	0.778	0.519	-0.113	0.139	-0.135	0.691	0.608	-0.112
Fe	0.897					0.674			0.891			
方法百分率 /%	59.739	17.967	11.609	8.946	52.681	16.439	13.191	9.973	40.155	23.235	13.896	8.946
累积负荷 /%	59.739	79.706	91.315	98.261	52.681	69.120	82.311	92.284	40.155	63.390	77.286	86.232

　　下沙沟 PM_{10} 中微量元素的主要影响因子有 4 个(表 5-15)，因子 1、因子 2、因子 3 和因子 4 的方差贡献率分别为 41.562%、24.640%、13.944% 和 10.777%。因子 1 与元素 As、Ba、Cd、Cr、Ni、Pb、Sb、Sr、Th、U 和 Zn 具有很好的相关性，相关系数分别为 0.555、0.874、0.651、0.724、0.779、0.767、0.897、0.943、0.972、0.958、0.862，这可能主要来自化石燃料(燃煤和燃油)的燃烧。As 是燃煤的示踪元素，As、Pb、Sb、U 和 Zn 主要是燃煤排放的产物，同时煤炭燃烧中也存在 Cr(宋晓焱，2010)，而 Pb 和 Zn 同时也是燃油的示踪元素，因此，认为因子 1 是化石燃料燃烧的来源。因子 2 与元素 Co、Cr、Mn、Ni、Ti、Tl 和 Fe 具有很好的相关性，相关系数分别为 0.908、0.507、0.773、0.570、0.760、0.772 和 0.840，这可能主要来自采矿尘或地面扬尘，Ti 和 Fe 是钒钛磁铁矿的主要元素，而 Co、Cr、Mn、Ni、Tl 均为钒钛磁铁矿的伴生元素，因此，认为因子 2 与钒铁磁铁矿的开采、运输和冶炼过程有关。因子 3 与元素 Cu、Mn、Sc、Ti 和 V 具有很高的相关性，相关系数分别为 0.709、0.597、0.658、0.590 和 0.556，Sc 和 Ti 一般来源于土壤，是地面扬尘的典型标识物，因此，因子 3 是与地面尘有关的排放源。因子 4 与元素 Cd 和 V 具有较好的相关性，相关系数分别为 0.497 和 0.594，工业废气(冶炼、燃煤、石油燃烧、垃圾焚烧、运输等)是造成大气 Cd 污染的主要来源，因此，认为因子 4 是钢铁冶炼尘。从因子分析结果来看，下沙沟 PM_{10} 中的微量元素主要来自化石燃料燃烧污染、地面扬尘，其次是钢铁冶炼尘。

　　河门口 PM_{10} 中微量元素的主要影响因子有 4 个(表 5-15)。因子 1、因子 2、因子 3 和因子 4 的方差贡献率分别为 57.414%、16.040%、11.381% 和 6.190%。因子 1 与元素 Ba、Bi、Cd、Co、Cr、Ni、Sb、Sc、Sr、Th、Tl、U、V 和 Fe 具有很高的相关性，相关系数分别为 0.812、0.877、0.966、0.984、0.805、0.503、0.972、0.955、0.940、0.968、0.905、0.952、0.860、0.517 和 0.780，这可能主要与地面扬尘有关，结合采样点周围的环境，大量煤矸石和高炉渣露天堆放产生的扬尘是其主要来源。因子 2 与元素 As、Pb 和 V 具有很高的相关性，相关系数分别为 0.810、0.859 和 0.645，根据前面的分析结果，因子 2 主要是燃煤和燃油的贡献。因子 3 与元素 Ti、V 和 Zn 具有很高的相关性，相关系数分别为 0.579、0.535 和 0.800，因子 3 与钢铁冶炼尘、钢渣扬尘有关。因子 4 与元素 Cu 和 Mn 具有很高的相关性，相关系数分别为 0.503 和 0.584，结合富集因子的分析结果，Cu 有较高的富集因子，而 Mn 的富集因子较低，可能代表了自然来源，而 Cu 和 Mn 相关则说明该区域的 Cu 既有自然来源也有人为来源，且以人为来源为主，因此，可以推断因子 4 是土壤扬尘。从因子分析的结果来看，河门口 PM_{10} 中微量元素的主要来源是地面扬尘，这与区域内大量固体废弃物的堆存有直接关系，其次为化石燃料和钢铁冶炼活动。

　　弄弄坪 PM_{10} 中微量元素的主要影响因素有 4 个(表 5-15)，因子 1、因子 2、因子 3 和因子 4 的方差贡献率分别为 50.391%、29.189%、9.354% 和 5.615%。因子 1 与元素 Ba、Cr、Cu、Ni、Sr、Th、Ti、U 和 Fe 具有很高的相关性，相关系数分别为 0.594、0.972、0.833、0.739、0.810、0.952、0.613、0.843 和 0.891，结合富集因子的分析结果，表明主要来源为扬尘。因子 2 与元素 Ba、Cd、Sb 和 U 具有很高的相关性，相关系数分别为 0.788、0.549、0.930 和 0.523，且 Cd 在 PM_{10} 中的富集因子大于 10，因此可以推断因子 2 是燃煤尘。因子 3 与元素 As、Ti 和 Zn 有较高的相关性，相关系数分别为 0.524、0.688 和 0.525，此外，As、Ti 和 Zn 都有较高的富集因子，推断因子 3 与钢铁冶炼尘有关。因子 4 与元素 Sc 有高的相关性，相关系数为 0.866，而 Sc 以自然来源为主，因此推断因子 4 与地面扬尘有关。从因子分析结果来看，弄弄坪 PM_{10} 中的微量元素主要来自化钢铁冶炼活动中工业尘、燃煤尘以及地面扬尘的贡献。

同理，根据表 5-16 因子分析结果可知，下沙沟 $PM_{2.5}$ 中的微量元素主要来自化石燃料和垃圾焚烧等，河门口 $PM_{2.5}$ 中的微量元素主要来自燃油、燃煤、钢铁冶炼尘，弄弄坪 $PM_{2.5}$ 中的微量元素主要来自钢铁冶炼和土壤扬尘。

第6章 攀枝花市超细颗粒物的地球化学特征

6.1 样品采集与实验分析

6.1.1 采样点布设

在攀枝花市辖区东区、西区各布设 1 个采样点：东区弄弄坪点(N，26°34′2.62″N，101°39′55.67″E)位于冶炼厂一宾馆楼顶，代表重污染区域；西区河门口点位于居民楼顶(H，26°36′38.79″N，101°35′47.19″E)，附近有石灰石采矿厂、巴关河渣场、洗煤厂等污染源分布(程馨，2017)，代表复合工业污染区，具体的采样位置如图 6-1 所示。

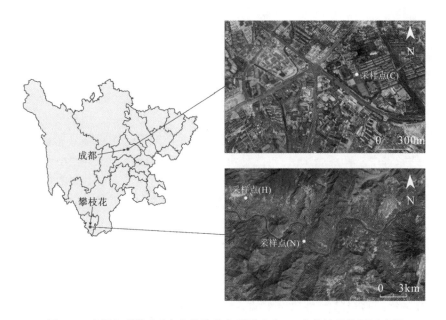

图 6-1　成都市采样点(C)和攀枝花市采样点(N、H)的地理位置示意图

6.1.2 采样仪器

本书共选择 3 台相同型号(TH-150C)的中流量大气采样器(武汉天虹，中国)及配套的 PM_1 切割器采集样品，采样膜为石英滤膜(Φ90mm，有效 Φ80mm)，流速为 100L/min。

6.1.3 采样时间及周期

采样时间均为 2018 年 10 月 1 日～2019 年 9 月 30 日，每个样品的采样时长为 24h，每个月连续采集 10 个有效样品，为使样品具有代表性，我们每采集 5 个样品会对切割器进行清洗。每个采集到的样品采用专用滤膜盒进行分装，共采集 PM_1 样品 240 个。

6.1.4 采样方法

1. PM_1 手工监测方法

世界范围内均未发布关于 PM_1 手工监测方法的标准，因此对 PM_1 的采样、分析、数据处理、质量控制和质量保证，我们参考《环境空气颗粒物($PM_{2.5}$)手工监测方法(重量法)技术规范》(HJ 656—2013)进行。

(1)采样前滤膜的处理方法：由于在生产、运输和安检等途中会对滤膜产生污染，因此采样前需要将边缘平整、厚薄均匀、无任何破损的滤膜放入马弗炉(SX2-12-10，邦西仪器科技上海有限公司)中，并在温度为 500℃的条件下焙烧 5h，以去除可能的污染物。随后将滤膜放在干燥箱中干燥 24h 后，用精度为十万分之一的天平(SQP，德国，赛多利斯)进行称重，并详细记录滤膜编号和质量。最后在相同的条件下平衡滤膜 1h 后再次称重，同一滤膜前后两次称重差小于 4×10^{-2}mg 即可。

(2)采样前切割器的处理方法：每一级切割器都应认真清洗，确保切割器中无任何污染。

(3)采样前采样器的处理方法：对每一台大气采样器都进行流量校准，检查每一台仪器的气密性等。

(4)采样时将大气采样器用支架撑起，采样器距离地面要高于 1.5m。

(5)采样时将已经编号和称重的滤膜用已消毒的平滑塑料镊子夹取并放入滤网中且正确安装。待采样结束后，再用已消毒的镊子将滤膜取出，清晰工整地记录采样时间、温度、大气压、标准状况体积等参数。

(6)采样后滤膜的处理方法：单个样品采集完毕后，应用专门的滤膜盒储存样品。随后带到实验室，使用步骤(1)的干燥条件对滤膜进行干燥和称量。最后将滤膜保存在洁净的冰箱中直至分析。

2. 端元组分的采集

(1)C3 和 C4 植物的采集方法：采取攀枝花市种植的小麦和玉米植物，采集后编号分袋包装，带回实验室，常温烘干去除水分后燃烧，用玛瑙研钵研磨至 200目，待消解。

(2)汽车尾气的采集方法：采用一次性干净的试管刷刷(刮)取本地车辆排气管中的灰尘，并编号装入聚乙烯自封袋中，带回实验室待分析。

(3)燃煤样品的采集方法：用聚乙烯自封袋收集成都市和攀枝花市的燃煤样品，编号并带回实验室待分析。

6.2　PM$_1$ 样品的分析

6.2.1　微观形貌测试

首先用脱脂棉球蘸 95%的乙醇轻轻擦拭试料台和陶瓷剪刀，然后将双面导电胶布粘贴于试料台上，用陶瓷剪刀剪下 0.16～0.25cm^2 的滤膜，将剪下的滤膜小心地粘贴于导电胶布上。为了提高样品的导电性，本次实验需用真空离子溅射仪(SPUTTER COATER 108，USA. CRESSINGTON)在抽真空、15mA 电流、60s 环境下给样品喷 Au，完毕后将试料台转移至扫描电镜仓中，抽真空后进行颗粒物的微观形貌测试，实验室样品分析所用仪器为场发射扫描电子显微镜(FEI Inspect F50)。

6.2.2　元素组分测试

用脱脂棉球蘸无水乙醇轻轻擦拭陶瓷剪刀，随后剪 1/4 滤膜放入已清洗过的聚四氟乙烯溶样内胆中，加入 1mL 氢氟酸(MOS 级)，敞溶 1h，再加入 1mL 硝酸(BV-III)，盖上盖子，放入消解罐中拧紧，将消解罐放入烘箱中分两阶段加热，第一阶段为 100℃加热 1h，第二阶段为 180℃加热 28h。加热结束后取出消解罐，并将溶样内胆放在电热加热板上，120℃加热直到溶液蒸干，使其呈湿盐状；向溶样内胆中加入 1mL 硝酸，赶去氢氟酸，待溶液蒸干呈湿盐状后，重复 1 次以上步骤。随后关闭电热板，冷却至室温后，向溶样内胆中依次加入 1mL 硝酸，1mL 铑标(1000ng/mL)，5mL 去离子水，盖上盖子，放入消解罐并拧紧，将其放入烘箱中先 100℃加热 1h，后 140℃加热 5h。加热结束后取出消解罐，取出溶样内胆，并加入 1mL 硝酸，用去离子水定容至 10mL，用 0.45μm 的过滤膜过滤，最后取 1mL 过滤液用去离子水定容到 10mL 并低温保存直至上机测试。微量元素采用电感耦合等离子质谱仪(ICP-MS，DRC-e，USA. PerkinElmer)进行测试。

6.2.3 无机水溶性离子(WSIIs)测试

用已被无水乙醇擦拭过的陶瓷剪刀剪取 1/8 滤膜放入 50mL 赛默飞离心管中，加入 20mL 去离子水，盖紧盖子，经过 30min，常温下 70%功率超声后，放入恒温水浴振荡器(SHA-B，中国，上海力辰仪器科技有限公司)中，在转速为 150r/min 的环境条件下振荡 30min，随后用 0.45μm 过滤膜过滤，在 4℃条件下保存至上机测试。

上机前需要配置仪器所需的阴离子洗脱液(3.2mmol/L 碳酸钠和 1.0mmol/L 碳酸氢钠)：首先准确称量 3.3917g 无水碳酸钠和 0.8401g 碳酸氢钠于 100mL 去离子水中，随后取 10mL 储备液稀释至 1L，最后用溶剂过滤器配水相滤膜($\Phi50mm$，0.45μm)真空泵抽滤即可。随后配制再生液(5‰硫酸)：取 5mL(AR 级)浓硫酸，定容至 1L 即可。

采用离子色谱仪(861 Advanced Compact IC，Germany. Metrohm)完成阴离子(SO_4^{2-}、NO_3^-、Cl^-)的测试工作(流速为 0.7mL/min，阴离子柱为 Metrohm A Supp 5-150/4.0 6.1006.520)。阳离子(K^+、Na^+、Ca^{2+}、Mg^{2+})的测试则使用电感耦合等离子体发射光谱仪(ICP-OES，Avio 500，USA. PerkinElmer)完成。

对于 NH_4^+ 的测试，采用纳氏试剂比色法完成，具体方法如下。

(1)用陶瓷剪刀剪取 1/8 滤膜放入 50mL 离心管中，加入 25mL 去离子水，重复阴离子的制备方法获得样品的 NH_4^+ 溶液。

(2)配制碘化汞钾溶液：准确称量 5.0000g 碘化钾溶于 5mL 去离子水中；称量 2.5000g 氯化汞溶于 15mL 去离子水中，加热至沸后将其缓慢倒入碘化钾溶液，当看到生成的粉红色沉淀不再溶解时，即刻停止并用玻璃棉过滤。向过滤液中依次加入 50%氢氧化钾溶液 30mL 和氯化汞溶液 0.5mL，用去离子水稀释至 100mL，于低温下保存。

(3)配制 NH_4^+ 标准溶液：称量于 90℃下烘干的氯化铵 1.4827g，溶于去离子水中，定容至 1L，随后取 20mLNH_4^+储备液定容至 1L，此时 1mL 溶液含 10μgNH_4^+。

(4)配制 50%酒石酸钾钠溶液。

(5)取 25mL 去离子水于已洗净的 25mL 比色管中，加入 50%酒石酸钾钠溶液 1mL，碘化汞钾溶液 1mL，摇匀，静置 20min，于分光光度计(MAPADA V-1000，中国，上海美普达仪器有限公司)波长 450nm 处，将比色管中的溶液倒入 2cm 比色杯中，以空白溶液作为参比测量吸光度。

(6)配制不同质量浓度的 NH_4^+ 标准溶液于一系列洗净的 25mL 比色管中,用去离子水定容至 25mL,随后方法同步骤(5),最后绘制标准曲线。

(7)样品的测试根据季节的不同,取样品溶液 5～10mL,随后用去离子水定容,随后方法同步骤(5)。

6.2.4　OC 和 EC 的测试

用洗净的陶瓷剪刀剪取 1/8 滤膜,随后用切割刀切取 $0.296cm^2$ 的圆形滤膜样品。用热光反射碳分析仪(Model 2015,USA. DRI)测试 PM_1 中 OC 和 EC 的含量,分析步骤如下:

将滤膜样品在纯 He 环境下分别加热,第一次为 5℃(OC1),第二次为 110℃(OC2),第三次为 280℃(OC3),第四次为 480℃(OC4)。然后在含 2%的 O_2 和 He 环境下分别加热至 580℃(EC1)、740℃(EC2)和 840℃(EC3)。以上各梯度温度下产生的气体经过氧化炉(MnO_2)催化氧化为 CO_2 在还原环境下转为 CH_4,最后用火焰离子检测器测定其碳含量。但在纯 He 条件下加热会有一部分 OPC 被热解成 BC,这部分 OPC 可采用 He-Ne 激光光度计测量。曹军骥(2014)在 IMPROVE 协议中将 OC 表达为 OC1+OC2+OC3+OC4+OPC,将 EC 表达为 EC1+EC2+EC3-OPC。

6.2.5　$\delta^{13}C$ 的测试

将剪下的 1/8 滤膜样品放入锡箔杯中并包裹,通过自动进样器进入元素分析仪(vario PYRO cube,Germany Elementar),样品通过燃烧与还原转化为纯净的 CO_2 气体(燃烧炉温度为 1020℃,还原炉温度为 650℃,载气 He 流量为 230mL/min)。CO_2 再经过稀释器稀释,最后进入稳定同位素质谱仪(IsoPrime100,UK. Isoprime)进行测试。

6.2.6　Pb 同位素的测试

样品(1/4 滤膜)溶液经 Biorad AG1-X8 阴离子交换柱,先用 0.2mol/L HBr 与 0.5mol/L HNO_3 混合酸液淋洗出亲石元素,随后以纯水淋洗并接收 Pb 组分,将其蒸干后过第二遍阴离子交换柱进行进一步提纯。阴离子树脂使用 1 次后即抛弃。Pb 组分被蒸干后,先用 1.0mL 2%稀硝酸溶解,并将其作为母液;取其中 100μL 稀释成 1.0mL,在电感耦合等离子质谱仪(Agilent 7700x 四极杆型 ICP-MS)上准确测定元素含量。上机溶液经 Cetac Aridus Ⅱ 膜去溶系统引入,在多接收电感耦合等离子体质谱仪(Nu Plasma Ⅱ MC-ICP-MS)上测定 Pb 同位素的比值。

6.3　质　量　控　制

6.3.1　PM$_1$样品采集的质量控制

1. 仪器的质量控制

对采样器的流量、气压、温度、气密性的校准送至成都市环境监测中心站进行校验，以确保符合相关指标。每次采样前会对环境温度、环境压力进行检查，图 6-2 是随机选取成都市秋季连续 10 天的检查数据，可以看出环境温度、气压测量值与仪器自测值的误差非常小，仪器自测温度、气压达到规范要求。

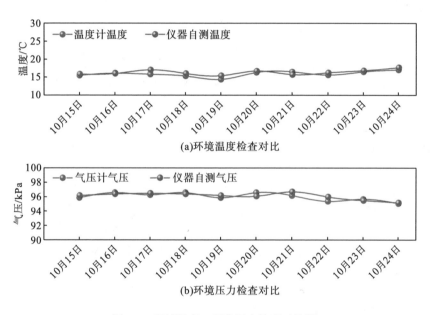

(a)环境温度检查对比

(b)环境压力检查对比

图 6-2　环境温度、环境压力检查对比图

本次研究是多台仪器同时采样，为了确保 PM$_1$ 质量浓度的准确性，多台仪器同时采样时其参数应具备良好的性能一致性，因此采样前对两台采样仪器进行了 24h 的性能运行对比。由表 6-1 的分析可知，两台仪器的各参数具有较好的一致性，因此获得的数据具有较好的可比性。

表 6-1　仪器一致性对比结果

仪器编号	起始温度/℃	终点温度/℃	初始气压/kPa	终点气压/kPa	标况体积/L	累积体积/L
N1	20.9	20.3	94.9	94.9	125.9	143.3
H1	21.0	20.4	94.9	95.0	125.6	143.2

2. 采样过程的质量控制

所有采样工作均佩戴手套，滤膜夹、切割器均认真清洗。空白样按照 10% 的采样比例进行采取。

3. 称量过程的质量控制

每次称量前均用标准砝码（E2 级）进行校准。校准参数见表 6-2。

表 6-2　天平稳定性及滤膜称量质量控制对比　　　　　　　　　　单位：g

次数	标准砝码（E2 级）	实际称量值	标准滤膜质量	实际称量值
第 1 次	5.00000	5.00001	0.54119	0.54108
第 2 次	5.00000	4.99999	0.54121	0.54105
第 3 次	5.00000	5.00000	0.54121	0.54111
第 4 次	5.00000	4.99999	0.54118	0.54105
第 5 次	5.00000	5.00001	0.54119	0.54104

4. 滤膜称量的质量控制

制作标准滤膜，每次称量采样滤膜时，均使用标准滤膜进行检测，其称量误差在 5×10^{-4} g 范围之内，符合标准，表 6-2 为非连续 5 次称量统计对比。

6.3.2　样品化学分析的质量控制

1. SEM 的质量控制

在样品分析前，对空白滤膜做了分析，以便消除空白滤膜中 Si 和 O 元素对样品分析结果的影响，如图 6-3 所示。

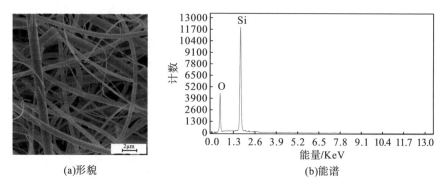

(a)形貌   (b)能谱

图6-3   SEM下未采样滤膜的形貌及EDX图

2. 元素组分的质量控制

实验分析采用国家一级标准物质石灰岩土壤（GBW07404）（中国国家标准物质中心）作为标样，标样中元素的回收率为94.1%～104.45%。实验中考虑了过程空白和试剂空白，通过上机测试，各元素质量浓度占对应膜元素的0.7%～3.3%，在进行元素组分分析时需要将这部分质量浓度扣除，以获得真实的样品元素质量浓度值。对于平行样的分析，其差值波动范围为0.1%～7.9%，满足分析要求。

3. 水溶性离子的质量控制

实验分析采用国家有色金属及电子材料分析测试中的标准溶液，包括阴离子 SO_4^{2-}、NO_3^-、Cl^- 和阳离子 K^+、Na^+、Ca^{2+}、Mg^{2+} 和 NH_4^+。实验中按照每15个样品2个平行样，平行样的差值波动控制在3.8%以内。所有标准曲线均为线性且 R^2 的值大于0.999。

4. $\delta^{13}C$ 的质量控制

实验中，每隔12个样品放一个实验室标准样品（$\delta^{13}C_{PDB}=-14.7‰$），用于测定结果质量控制，用 USGS40（$\delta^{13}C_{PDB}=-26.39‰$）和 USGS41a（$\delta^{13}C_{PDB}=+36.55‰$）对碳测定结果进行校正。

5. Pb 同位素的质量控制

将Pb同位素国际标准物质 NIST SRM 981 作为外标校正仪器漂移，美国地质调查局地球化学标准岩石粉末（玄武岩 BCR-2、玄武岩 BHVO-2、安山岩 AGV-2、流纹岩 RGM-2）作为质控盲样。经过以上化学前处理与质谱测定，其同位素比值结果在误差范围内，与文献报道值吻合（Weis et al.，2006）。

6.3.3　攀枝花市城市经济发展对比

2014~2018 年攀枝花市人口、GDP、机动车保有量和产业结构相关指标如图 6-4 所示。攀枝花市人口缓慢减少，由 2014 年的 111.88 万人减少到 2018 年的 108.34 万人。

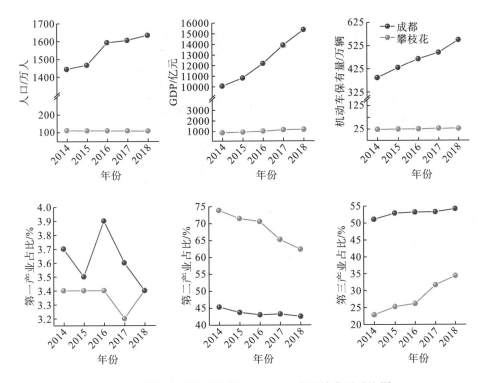

图 6-4　成都市/攀枝花市近 2014~2018 年经济发展对比图

注：图中所有数据引自于成都市/攀枝花市国民经济和社会发展统计公报 2014 年，2015 年，2016 年，2017 年和

2018 年；成都：http://www.cdstats.chengdu.gov.cn；攀枝花：http://tjj.panzhihua.gov.cn。

从产业结构上看，攀枝花市拥有完全不同的产业结构，以 2016 年为例，攀枝花市的产业结构为 3.4 : 70.5 : 26.1。攀枝花市以工业和矿业著称，拥有我国四大铁矿之一的钒钛磁铁矿区，以及集钢铁等冶炼、加工、成型、销售于一体的工业区，因此，第二产业(采矿业)，在整个产业结构中占比偏高。从图 6-4 还可以看出，随着产业结构的不断深化和调整，攀枝花市的第二产业占比逐年递减，而第三产业占比则逐年增加。

6.3.4 攀枝花市城市空气质量对比

为了对攀枝花市空气质量进行定量描述，共统计了 2014~2018 年的空气质量数据。从图 6-5 可知，攀枝花市 2014~2018 年空气质量指数(air quality index，AQI)保持稳定，空气质量均为良好，AQI 最大值均处于轻度污染范围内。

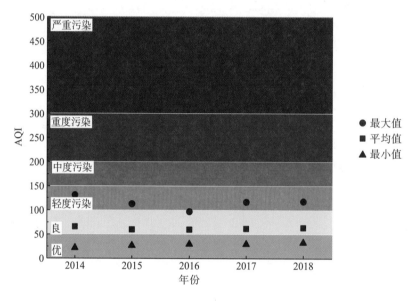

图 6-5 攀枝花市空气质量对比图

注：数据来源于 https://www.aqistudy.cn。

6.4 攀枝花市 PM_1 的理化特征

6.4.1 PM_1 的质量浓度特征

目前还未有 PM_1 年均质量浓度限值的相关标准，因此本书以我国大气背景监测站 PM_1 质量浓度($11.9\mu g/m^3$)作为污染限值(杜蔚，2015)。图 6-6 为攀枝花市(N、H) PM_1 的质量浓度特征分布，采样期间攀枝花市 PM_1 的质量浓度变化范围为 $12.12\sim145.30\mu g/m^3$，年均质量浓度为(31.60 ± 12.25) $\mu g/m^3$。可见，攀枝花市的年均 PM_1 质量浓度是背景值的 2.66 倍。

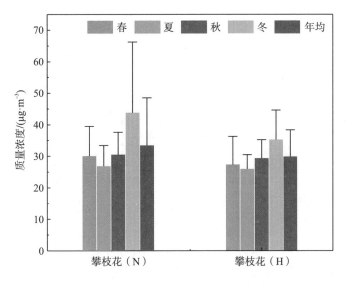

图 6-6　攀枝花市(N、H)PM$_1$的质量浓度特征分布

攀枝花市 N 采样点春季 PM$_1$ 质量浓度的变化范围为 $(17.95\sim55.84)\,\mu g/m^3$，平均为 $(30.09\pm9.41)\,\mu g/m^3$；夏季质量浓度变化范围为 $(16.36\sim39.05)\,\mu g/m^3$，平均为 $(26.86\pm6.52)\,\mu g/m^3$；秋季质量浓度变化范围为 $(12.12\sim44.73)\,\mu g/m^3$，平均为 $(30.48\pm7.13)\,\mu g/m^3$；冬季质量浓度变化范围为 $(22.10\sim145.30)\,\mu g/m^3$，平均为 $(43.84\pm22.44)\,\mu g/m^3$；攀枝花市 H 采样点春季 PM$_1$ 质量浓度变化范围为 $(14.38\sim51.49)\,\mu g/m^3$，平均为 $(27.33\pm8.89)\,\mu g/m^3$；夏季质量浓度变化范围为 $(16.45\sim32.85)\,\mu g/m^3$，平均为 $(25.94\pm4.52)\,\mu g/m^3$；秋季质量浓度变化范围为 $(17.08\sim37.06)\,\mu g/m^3$，平均为 $29.33\pm5.88\mu g/m^3$；冬季质量浓度变化范围为 $(20.77\sim67.02)\,\mu g/m^3$，平均为 $(35.25\pm9.36)\,\mu g/m^3$。攀枝花市的 PM$_1$ 质量浓度均表现出了明显随季节变化的规律，即 PM$_1$ 质量浓度最低出现在夏季，然后是春季和秋季，最高的质量浓度出现在冬季。攀枝花市的两个采样点也表现出地域分布的特点，即弄弄坪(N)重污染区的质量浓度高于河门口(H)复合工业污染区。

此外，将本书研究获得的 PM$_1$ 年均质量浓度数据与其他城市进行比较，结果如图 6-7 所示。攀枝花市 PM$_1$ 的年均质量浓度低于上海 $(49.8\mu g/m^3)$、广州 $(52.5\mu g/m^3)$、北京 $(61.5\mu g/m^3)$、武汉 $(82\mu g/m^3)$、南京 $(72.5\mu g/m^3)$ 和西安 $(127.3\mu g/m^3)$，但与其他国家部分城市相比，其年均质量浓度较高。显然，不同地域的质量浓度存在差异，这主要受城市功能定位、城市大气扩散条件及城市污染物排放量等的影响。

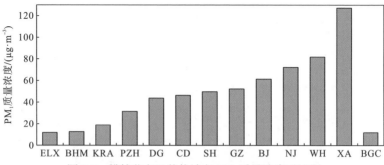

图 6-7　攀枝花市及其他城市 PM_1 质量浓度对比图

ELX：西班牙埃尔切(Galindo et al.，2018)；BHM：伯明翰(Yin and Harrison，2008)；KRA：波兰克拉科夫(Samek et al.，2017)；PZH：攀枝花，本次研究区；DG：东莞(刘立，2016)；CD：成都；SH：上海(Qiao et al.，2016)；GZ：广州(Tao et al.，2012)；BJ：北京(樊啸辰等，2018)；WH：武汉(刘立，2016)；NJ：南京(姜文娟，2016)；XA：西安(Shen et al.，2008)；BGC：中国背景站(杜蔚，2015)。

6.4.2　PM_1 的微观形貌特征

1.飞灰

如图 6-8 所示，攀枝花市的飞灰主要呈圆球形，具有光滑表面，由 EDX 图谱可知，飞灰一般包含有 Si、O、C 和不定量的 K、Fe、Ni 等元素。通常飞灰的来源有燃煤和生物质燃烧(Żyrkowski et al.，2016；Brown et al.，2011)。时宗波等(Shi et al.，2003)认为，燃煤飞灰为北京取暖或工业活动过程中燃烧煤而释放的，且这些颗粒的粒径均小于 1μm。雒洋冰(2014)研究了四川省东部、南部晚二叠世华蓥山煤矿、筠连煤矿、芙蓉煤矿和石屏煤矿中的常量元素，其 SiO_2 含量均高于我国煤中的均值。此外，根据四川省 2019 年统计年鉴(http://tjj.sc.gov.cn)，2018 年四川省煤品燃料消费为 5865.3 万吨，占能源消费总量的 37.2%。而一些学者还对云南省东部晚二叠世宣威 C1 煤进行了研究，发现含石英和铁的矿物存在于 C1 煤中，因此高 SiO_2 含量可归因于石英的存在(Downward et al.，2014)。在煤燃烧过程中，含 SiO_2 的矿物可被排放到大气中，这些颗粒可在 PM_1 内沉积。那么可以推测，处于同一时代地层的煤应具有相同的成分。因此，本书中飞灰可能主要来源于燃煤。

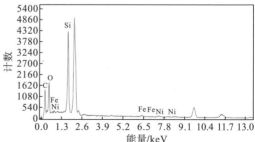

图 6-8　攀枝花市飞灰 SEM 形貌及化学组成

2. 烟尘

烟尘是由多环芳烃的集合构成的(Ebert et al., 1988)，镜下呈现为单层，或以或多或少无序的方式分组堆叠在一起(Apicella et al., 2015)。烟尘集合体的形貌特征比较明显，通常由超细颗粒组成(冯茜丹等，2015)，由于受燃料类型、燃烧条件及在大气中发生"吸湿"或碰并作用的影响，烟尘的形貌可为不规则链状、蓬松状、密实状和簇状等，主要来源有化石燃料的燃烧、汽柴油的燃烧和生物质燃烧等(侯聪，2017；胡颖，2016；樊景森，2013；Yue et al., 2006)。烟尘颗粒在自然界具有很强的吸附性，其存在于大气中可使辐射强迫的标志由负向正，从而导致低层大气升温(Tripathi et al., 2007；Menon et al., 2002)。一般情况下，新产生的烟尘颗粒通常是链状分布，然后随着烟尘集合体的老化，烟尘颗粒发生聚集，进而其形貌呈密集状分布(Dye et al., 2000)。攀枝花市的烟尘主要呈链状集合体(图6-9)，从EDX谱图可以看出，烟尘集合体的主要成分是C、O、Si，还有少量K。这与厦门市秋季 $0.25\sim1.0\mu m$ 粒径看到的图像和成分是相似的(鲁斯唯等，2015)。此外，澳门夏季大气颗粒物的SEM-EDS分析也证明了这一观点(杨书申等，2009)。因此，本书中烟尘可能主要来源于化石燃料的燃烧和汽车尾气。

 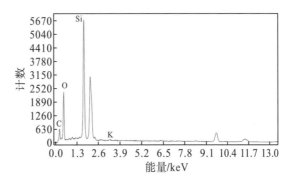

图 6-9　攀枝花市烟尘 SEM 形貌及化学组成

3. 含 S-Ca 颗粒

含 S-Ca 颗粒主要成分为 O、C、Si，次要成分为 S、Ca、Fe、Na；形貌为块状或块状集合体(图6-10)，表明颗粒是由 $CaCO_3$ 组成，这可能与采石场在粉碎和磨碎过程产生的 $CaCO_3$ 有关，同时结合成都市和攀枝花市实际采样的周围情况看，房屋的建设过程和石灰石的开采过程都会产生 $CaCO_3$ 颗粒，并向大气中排放(González et al., 2016)。EDX 图谱还显示了颗粒中含 S，表明有 $CaSO_4$ 的形成，这些颗粒可能是由重质燃料在燃烧过程中 $CaCO_3$ 与 SO_2 之间发生的化学反应而产生(Yang et al., 2019)。2018 年，四川省 SO_2 排放量为 38.91 万吨，其中工业源排

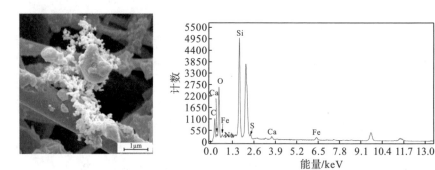

图 6-10　攀枝花市含 S-Ca 颗粒 SEM 镜下形貌及化学组成

放量为 28.05 万吨，大多数硫酸盐是由化石燃料燃烧和生物质燃烧产生的 SO_2 形成的，SO_2 可能被碱性的颗粒吸附，并生成次生颗粒，而 $CaCO_3$ 颗粒对酸性物质的吸附是很重要的，可降低 PM_1 的酸性（Satsangi and Yadav，2014）。S 在大气中的存在形式主要是硫酸盐，而硫酸盐经常与其他气溶胶混合，它们的光学性质和吸湿行为可以改变和影响气候（Rodríguez et al.，2009），过多的酸性物质被排放到大气中将形成酸雨，而酸雨会对陆地和水生生态系统产生负面的影响，包括严重的土壤（湖泊）酸化，抑制植物的生长，以及丧失生物多样性等（Cui et al.，2020）。

4. 含 Si-Al 颗粒

众多研究表明，含 Si-Al 颗粒主要来自自然源和人为源，前者颗粒较粗，形貌为不规则状，而后者可能来自燃烧过程，形貌以圆形、球形、片状为主（Gao and Ji，2018；Pipal et al.，2011；Xie et al.，2005）。本书中的 Si-Al 颗粒较小，以球形为主（图 6-11），主要成分为 Si、O，次要成分为 Al，可能来源于高温燃烧的产物。硅酸盐可以作为温室粒子，因为它发出的辐射是红外的，并且有这个波长的吸收带（Rodríguez et al.，2009），所示较高硅酸盐矿物百分比可能会影响城市的气候。

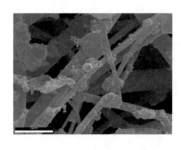
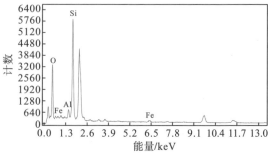

图 6-11　攀枝花市含 Si-Al 颗粒 SEM 镜下形貌及化学组成

5. 金属颗粒

攀枝花市作为著名的矿业-钢铁城市，其钢铁冶炼活动所释放的颗粒物通常具有特定的元素，如 Fe、Mo 等。本书中含 Fe、Mo 的金属颗粒呈近椭圆状，表面光滑，主要来自钢铁冶炼活动，如图 6-12 所示。

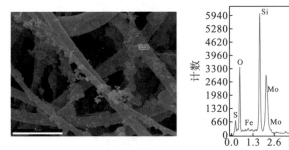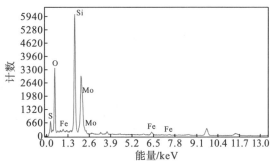

图 6-12　攀枝花市含 Fe、Mo 颗粒 SEM 镜下形貌及化学组成

攀枝花市大气 PM_1 的质量浓度整体低于国内其他城市，但高于前文所列国外城市；攀枝花市质量浓度年均值为 $(31.60 \pm 12.25)\,\mu g/m^3$，是背景值的 2.66 倍。

6.5　PM_1 的元素组分特征

6.5.1　PM_1 中元素组分的质量浓度水平

成都市和攀枝花市 PM_1 中元素组分的季节分布特征如图 6-13 所示，成都市 C 点 PM_1 中 V、Cu、Zn、Cd、Sb、Pb、Ti、Ba 和 Tl 的季节变化与成都市 C 点 PM_1 质量浓度季节变化相似且一致，即，冬季最大，夏季最小；Mn 和 As 是冬季最大，春季最小；Cr 和 Ni 的是夏季最高，春季最低；值得一提的是，Tl 是所有分析元素中四季变化最不明显的元素，但 Tl 是一种剧毒的金属元素，应引起重视。而攀枝花市 N 点 PM_1 中的 Cd、Mn、Pb、Ba、Tl、Sb 和 Fe 的季节变化表现出与攀枝花 N 点 PM_1 质量浓度的季节变化一致，Cr 和 Cu 为夏季最高，秋季最低；Zn 和 As 为秋季最高，春季最低；V 为夏季最高，春季最低，出现这一现象主要是 N 点周围复杂的来源所造成的。程馨（2017）对 N 点 PM_{10} 和 $PM_{2.5}$ 中元素组分的研究也表明，单个元素的季节变化与质量浓度之间也存在着差异。攀枝花市 H 点 PM_1 中 Ni 和 Ba 的季节变化表现出与攀枝花市 H 点 PM_1 质量浓度的季节变化一致，Mn、Cd、Ti、Cu、Zn、As、Pb、Tl 和 Fe 为秋季最高，春季最低；H 点的 V 浓度与 N 点的 V 浓度变化趋势一致。此外，两地的元素总浓度的季节分布特征表现为，成都市：冬季>秋季>春季>夏季，攀枝花市：冬季>秋季>夏季>春季。与两地的质量浓度季节分布特征相似。

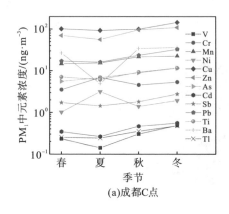

(a)成都C点

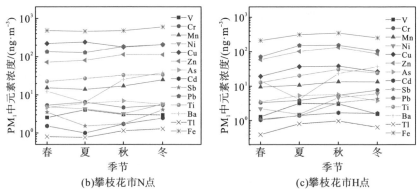

(b)攀枝花市N点　　　　　　　　　(c)攀枝花市H点

图 6-13　成都市和攀枝花市 PM_1 中元素组分季节分布特征

图 6-14 为攀枝花市 PM_1 中元素组分的年平均值柱状图。

攀枝花 N 点的浓度分为三类：第一类元素浓度在 $10^0 \sim 10^1 ng/m^3$ 数量级，包括 Tl$[(1.01\pm0.67)\,ng/m^3]$，Cd$[(1.67\pm1.20)\,ng/m^3]$，Sb$[(2.65\pm1.38)\,ng/m^3]$，V$[(3.12\pm1.78)\,ng/m^3]$，Ni$[(4.43\pm3.31)\,ng/m^3]$，Cr$[(5.30\pm3.28)\,ng/m^3]$，As$(5.77\pm2.76)\,ng/m^3$ 这 7 种元素，其总浓度占全部分析元素的 2.31%；第二类元素浓度在 $10^1 \sim 10^2 ng/m^3$ 数量级，包括 Mn$[(17.66\pm9.62)\,ng/m^3]$，Ba$[(21.20\pm15.68)\,ng/m^3]$，Ti$[(28.69\pm16.46)\,ng/m^3]$，Zn$[(93.34\pm71.49)\,ng/m^3]$ 这 4 种元素，其总浓度占全部分析元素的 15.55%；第三类元素浓度在 $10^2 \sim 10^3 ng/m^3$ 数量级，包括 Pb$[(161.07\pm113.3)\,ng/m^3]$，Cu$[(203.09\pm96.48)\,ng/m^3]$，Fe$[(490.86\pm180.65)\,ng/m^3]$ 这 3 种元素，其总浓度占全部分析元素的 82.14%。

攀枝花 H 点的浓度分为四类：第一类元素浓度小于等于 10^0ng/m³ 数量级，仅有 Tl[(0.67±0.42)ng/m³]，其浓度占全部分析元素的 0.12%；第二类元素浓度在 10^0～10^1ng/m³ 数量级，包括 Cd[(1.40±0.69)ng/m³]，V[(2.09±1.71)ng/m³]，Sb[(2.61±2.36)ng/m³]，Ni[(3.78±4.83)ng/m³]，As[(4.35±2.59)ng/m³] 和 Cr[(5.10±3.92)ng/m³] 这 6 种元素，其浓度占全部分析元素的 3.50%；第三类元素浓度在 10^1～10^2ng/m³ 数量级，包括 Mn[(11.49±6.46)ng/m³]，Ba[(20.98±16.11)ng/m³]，Ti[21.31±12.04)ng/m³]，Cu[(28.31±15.49)ng/m³] 和 Zn[(90.64±68.49)ng/m³] 这 5 种元素，浓度占全部分析元素的 31.27%；第四类元素浓度在 10^2～10^3ng/m³ 数量级，包括 Pb[(112.63±64.34)ng/m³] 和 Fe[(272.01±122.16)ng/m³] 这两种元素，其浓度占全部分析元素的 65.11%。

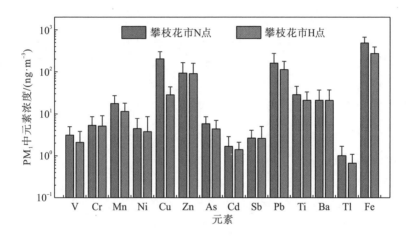

图 6-14　攀枝花市 PM₁ 中元素组分年均分布特征

6.5.2　元素组分的相关性分析

对攀枝花市两地大气 PM₁ 中元素的相关性进行分析，以便衡量大气 PM₁ 中两个变量元素的相关性。通常的分析方法包括皮尔逊(Pearson)积矩相关和斯皮尔曼(Spearman)秩次相关。

攀枝花市两采样点元素组分之间也表现出良好的相关性(图 6-15、图 6-16 和表 6-3、表 6-4)，N 点和 H 点具有共同的相关性趋势，如 Pb-Cd 的相关系数分别为 0.936 和 0.827，Tl-Cd 的相关系数分别为 0.926 和 0.856。攀枝花市大气 PM₁ 中 Pb 与 Tl 也有极强的相关性(r_N=0.972，r_H=0.925)，意味着攀枝花市大气 PM₁ 中 Pb 与 Tl 可能具有共同的来源和相同的迁移途径。

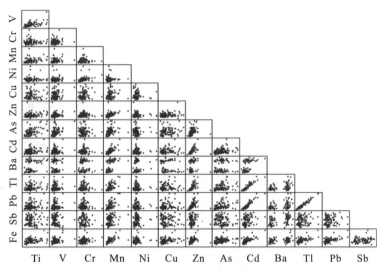

图 6-15　攀枝花市 N 点大气 PM$_1$ 中元素矩阵图

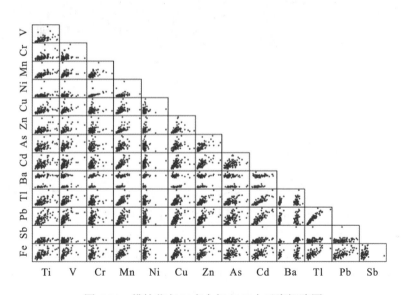

图 6-16　攀枝花市 H 点大气 PM$_1$ 中元素矩阵图

表 6-3　攀枝花市 N 点大气 PM_1 中元素的相关系数

元素	Ti	V	Cr	Mn	Ni	Cu	Zn	As	Cd	Ba	Tl	Pb	Sb	Fe
Ti	1													
V	0.546	1												
Cr	-0.015	0.108	1											
Mn	0.260	0.138	0.012	1										
Ni	0.054	-0.019	0.333	0.020	1									
Cu	0.097	0.261	0.148	0.180	-0.015	1								
Zn	0.208	0.151	-0.042	0.472	-0.083	0.234	1							
As	0.492	0.411	-0.093	0.300	-0.053	0.183	0.296	1						
Cd	0.266	0.098	-0.018	0.605	0.005	0.111	0.451	0.329	1					
Ba	0.307	-0.098	-0.040	0.453	0.151	-0.165	0.202	0.054	0.526	1				
Tl	0.197	0.084	-0.027	0.524	-0.041	0.031	0.452	0.328	0.926	0.475	1			
Pb	0.181	0.105	-0.031	0.499	-0.049	0.080	0.453	0.354	0.936	0.418	0.972	1		
Sb	0.035	-0.123	-0.026	0.295	0.134	0.007	0.033	-0.145	0.301	0.435	0.147	0.139	1	
Fe	0.349	0.285	0.229	0.617	0.061	0.318	0.338	0.229	0.704	0.352	0.602	0.620	0.229	1

表6-4 攀枝花市 H 点大气 PM$_1$ 中元素的相关系数

元素	Ti	V	Cr	Mn	Ni	Cu	Zn	As	Cd	Ba	Tl	Pb	Sb	Fe
Ti	1													
V	0.522	1												
Cr	0.437	0.182	1											
Mn	0.602	0.381	0.470	1										
Ni	0.238	-0.015	0.366	0.163	1									
Cu	0.490	0.473	0.085	0.411	-0.003	1								
Zn	0.568	0.549	0.206	0.680	0.047	0.334	1							
As	0.501	0.596	0.146	0.434	-0.125	0.365	0.570	1						
Cd	0.501	0.478	0.293	0.634	0.144	0.409	0.627	0.444	1					
Ba	0.255	-0.123	0.337	0.275	0.359	-0.067	0.186	-0.212	0.301	1				
Tl	0.543	0.629	0.230	0.607	0.057	0.459	0.692	0.468	0.856	0.159	1			
Pb	0.509	0.642	0.162	0.611	0.001	0.573	0.637	0.530	0.827	-0.044	0.925	1		
Sb	0.273	0.053	0.343	0.406	0.209	0.117	0.294	0.146	0.432	0.524	0.311	0.230	1	
Fe	0.587	0.606	0.276	0.622	0.009	0.431	0.600	0.442	0.558	0.097	0.691	0.617	0.188	1

6.6　PM$_1$中无机水溶性离子质量浓度水平

6.6.1　PM$_1$中无机水溶性离子的季节分布特征

采样期间攀枝花市两地无机水溶性离子(water solubles inorganic ions，WSIIs)的季节分布特征如图 6-18 所示，两地的 WSIIs 质量浓度存在共性特征，具体分析如下。

(1)攀枝花市为 $SO_4^{2-}>NH_4^+>NO_3^-\approx Cl^->Na^+>K^+>Ca^{2+}>Mg^{2+}$。攀枝花市 8 种 WSIIs 质量浓度的年均值为 11.80μg/m^3，春、夏、秋、冬的变化分别为 28.13μg/m^3；10.13μg/m^3、9.43μg/m^3 和 14.46μg/m^3。图 6-18 还显示了 NO_3^-、SO_4^{2-}、NH_4^+（SIA）是大气 PM$_1$ 中主要的 3 种离子，攀枝花市的年均质量浓度为 9.41μg/m^3，其对 WSIIs 质量浓度的贡献率为 79.75%，说明攀枝花市大气 PM$_1$ 的二次污染物较高。NO_3^-、SO_4^{2-}、NH_4^+ 均为两地主要的离子，北京、石家庄、东莞和唐山等地也有类似的报道(Zhang et al.，2019；刘立，2016)。

(2)攀枝花市 N 点(14.15μg/m^3)重污染区的 WSIIs 年均质量浓度大于 H 点复合工业区(9.48μg/m^3)，这与 PM$_1$ 质量浓度的空间分布特征一致。

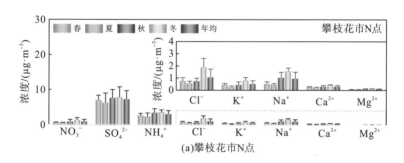

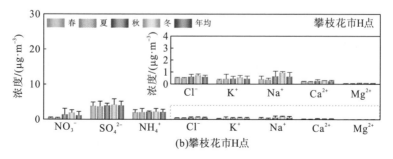

图 6-18　攀枝花市(N、H)两地 PM$_1$ 中 WSIIs 的四季分布特征

除此之外，攀枝花市两地的 WSIIs 浓度也表现出明显的差异性，具体表现如下。

(1) NO_3^- 与 SO_4^{2-}，通常两者的比值被认为是大气中 S 和 N 的流动源和固定源的重要指标(Yu et al.，2016)，比值越大，其流动源的贡献就越大，反之则固定源的贡献要大。攀枝花市大气颗粒物 PM_1 中 NO_3^- 的质量浓度明显小于 SO_4^{2-}，即所有季节的 NO_3^-/SO_4^{2-} 值(0.09~0.47)均小于 1，以固定源为主，这一趋势与程馨(2017)对较粗颗粒(PM_{10}、$PM_{2.5}$)的报道一致。

(2) Cl^- 与 Na^+，攀枝花市 Cl^-/Na^+ 值为 1.03(N 点为 1.11，H 点为 0.95)，与海盐的比值接近，但攀枝花市地处我国内陆，不受海盐的影响，因此与城市燃煤和生物质燃烧产生的 Cl^- 排放有关(Lyu et al.，2015)。

6.6.2　阴阳离子平衡及铵盐的存在形式

离子平衡计算通常用于评价大气颗粒物的酸碱平衡(Tao et al.，2012；Khan et al.，2021)，计算公式如下：

$$W = \frac{\left(\dfrac{[Cl^-]}{35.5} + \dfrac{[SO_4^{2-}]}{48} + \dfrac{[NO_3^-]}{62}\right)}{\left(\dfrac{[K^+]}{39} + \dfrac{[Ca^{2+}]}{20} + \dfrac{[Na^+]}{23} + \dfrac{[Mg^{2+}]}{12} + \dfrac{[NH_4^+]}{18}\right)} \tag{6-1}$$

式中，W 为颗粒物的酸碱性；$[X]$ 为 X 组分的离子质量浓度，$\mu g/m^3$。

$W > 1$，表示酸性占主导地位，反之，则碱性占主导地位。计算结果见表 6-5。

表 6-5　采样期间攀枝花市两地 PM_1 中 W 值

点位	春	夏	秋	冬	年均
攀枝花市 N 点	0.9084	0.9076	0.7293	0.7600	0.8008
攀枝花市 H 点	0.6783	0.6312	0.6884	0.6921	0.6758

由表 6-5 可知，攀枝花市 PM_1 的 W 值小于 1，表明攀枝花市的 PM_1 呈碱性。两地的 W 值均小于 1，表明 PM_1 中 NH_4^+ 可能未被 SO_4^{2-} 等离子完全中和，表现出整个季节在中和反应中 NH_4^+ 相对过剩。

为了进一步探讨 NH_4^+ 的存在形式，本书假设 PM_1 中 NH_4^+、SO_4^{2-}、NO_3^- 主要存在于 NH_4HSO_4 和 NH_4NO_3 中，通过式(6-2)计算 NH_4^+ 的质量浓度；若 PM_1 中 NH_4^+、SO_4^{2-}、NO_3^- 主要存在于 NH_4NO_3 和 $(NH_4)_2SO_4$ 中，通过式(6-3)计算 NH_4^+ 的质量浓度(张棕巍等，2016)。

$$\mathrm{NH_4^+}\left(\mathrm{mg/m^3}\right) = \frac{\left[\mathrm{NO_3^-}\right]\times 18}{62} + \frac{\left[\mathrm{SO_4^{2-}}\right]\times 18}{96} \tag{6-2}$$

$$\mathrm{NH_4^+}\left(\mathrm{mg/m^3}\right) = \frac{\left[\mathrm{NO_3^-}\right]\times 18}{62} + \frac{\left[\mathrm{SO_4^{2-}}\right]\times 36}{96} \tag{6-3}$$

式中，$[X]$ 为 X 组分的离子质量浓度，$\mu g/m^3$。

从整体上看，攀枝花市两地 PM_1 中 Cl^- 质量浓度低于 SIA 的质量浓度，且 NH_4Cl 具有强挥发性，因此本书不考虑 NH_4Cl 的贡献。

两种计算方式所得的结果如图 6-19 所示。由图可知，第二种方法的斜率更接近 1，因此无论是从斜率来看还是从相关系数来看，攀枝花市 PM_1 中的铵盐均主要是以 NH_4NO_3 和 $(NH_4)_2SO_4$ 的形式存在。

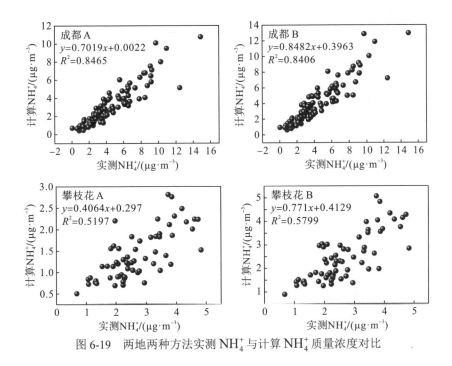

图 6-19　两地两种方法实测 NH_4^+ 与计算 NH_4^+ 质量浓度对比

6.6.3　PM_1 中 SO_4^{2-} 和 NO_3^- 的形成

攀枝花市 PM_1 中的 $SO_4^{2-} + NO_3^-$ 的年均质量浓度为 $6.76\mu g/m^3$，对 PM_1 质量浓度的贡献率为 21.39%，具有较高的占比，因此有必要分析其形成过程。硫氧化率（sulfur oxidation ratio，SOR）和氮氧化率（nitrogenium oxidation ration，NOR）是 SO_2 和 NO_2 通过光化学反应转化为颗粒相 SO_4^{2-} 和 NO_3^- 的重要指标（Lyu et al.，2015），可根据式（6-4）和式（6-5）计算 SOR 和 NOR（Kaneyasu et al.，1995）。

$$SOR = \frac{\left[nss-SO_4^{2-} \right]}{\left[SO_2 \right] + \left[nss-SO_4^{2-} \right]} \tag{6-4}$$

$$NOR = \frac{\left[n-NO_3^- \right]}{\left[NO_2 \right] + \left[n-NO_3^- \right]} \tag{6-5}$$

式中，$\left[nss-SO_4^{2-} \right] = \left[n-SO_4^{2-} \right] - 0.251 \times \left[Na^+ \right]$、$\left[n-SO_4^{2-} \right]$ 和 $\left[n-NO_3^- \right]$ 分别为 PM_1 中 SO_4^{2-} 和 NO_3^- 的质量浓度。采样期间，对应 SO_2 和 NO_2 的质量浓度数据来自四川省环境监测中心。

由图 6-20 可知，PM_1 中具有较高的 SOR 和 NOR 值，表明大气中的二次气溶胶形成增加。Ohta 和 Okita（1990）认为，当 SOR＞0.1 时，大气中 SO_2 就会氧化成 SO_4^{2-}，二次组分硫酸盐的生成量就会增多，攀枝花市 N 点和 H 点 PM_1 中 SOR 的年均值分别为 0.18 和 0.12，N 点和 H 点均是春季最高，分别为 0.22 和 0.15，其余季节变化甚微，因此，大气中可能存在 SO_2 的光化学氧化。攀枝花市 N 点和 H 点的 O_3 质量浓度在春季最高，分别为 119$\mu g/m^3$ 和 125$\mu g/m^3$，故春季较高的 SOR 主要与 SO_2 与 O_3 等的均相氧化反应有关。

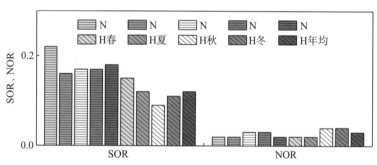

图 6-20　攀枝花市 PM_1 中 SOR 和 NOR 的季节变化

攀枝花市 N 点和 H 点 NOR 的年均值分别为 0.02 和 0.03，N 点和 H 点均是秋、冬季节最高，分别为 0.03 和 0.04，夏季最低，均为 0.02。通过对比发现，NOR 与 T 呈负相关关系，即 NOR 最低值均出现在夏季，这一结论与上海、南京、重庆的研究一致，其原因主要是硝酸铵在高温下的蒸发损失比光化学生产更为突出（Zhao et al.，2020；张丹等，2012；Hu et al.，2008）。

此外，PM_1 中均是 SOR 大于 NOR，说明 S 转化要比 N 转化快很多，采样期间，虽然 SO_2 的质量浓度均未超过国家环境空气质量标准中的质量浓度限值，但从年均质量浓度上看，攀枝花市 N 点和 H 点 NO_2 的质量浓度分别占国家环境空气质量标准质量浓度限值的 95% 和 93%。因此，需要控制好 NO_2 的排放，减少二次污染的发生。同时，较高的 NO_2 质量浓度是导致硫酸盐快速生成的另一个关键因素，攀枝

花市的 PM_1 呈碱性，在这种条件下，以 NO_2 作为氧化剂，SO_2 就很快转化为 SO_4^{2-}。因此 NO_x 不仅是硝酸盐的前体，而且也是硫酸盐形成的重要氧化剂(Cheng et al.,2016)。

6.7　PM_1 的 OC 和 EC 特征

6.7.1　OC 和 EC 的质量浓度与季节分布特征

图 6-21 显示了攀枝花市两地大气 PM_1 中 OC、EC 的季节变化。由图 6-21 的分析可知，大气 PM_1 中 OC 的质量浓度范围为 $2.68\sim12.76\mu g/m^3$，年均为 $(6.41\pm2.40)\mu g/m^3$，占 PM_1 质量浓度的 20.28%；EC 的质量浓度范围为 $0.52\sim1.47\mu g/m^3$，年均为 $(1.10\pm0.25)\mu g/m^3$，占 PM_1 质量浓度的 3.48%。总碳(TC=OC+EC)占 PM_1 质量浓度的 23.76%，因此碳质组分是 PM_1 的重要组成成分之一。

攀枝花市 N 点春季 OC、EC 的质量浓度分别为 $2.68\sim10.40\mu g/m^3$ 和 $1.10\sim1.44\mu g/m^3$，平均为 $(7.11\pm2.57)\mu g/m^3$ 和 $(1.28\pm0.13)\mu g/m^3$；夏季 OC、EC 的质量浓度分别为 $3.45\sim6.54\mu g/m^3$ 和 $1.00\sim1.47\mu g/m^3$，平均为 $(4.90\pm1.05)\mu g/m^3$ 和 $(1.18\pm0.17)\mu g/m^3$；秋季 OC、EC 的质量浓度分别为 $4.90\sim7.92\mu g/m^3$ 和 $0.91\sim1.08\mu g/m^3$，平均为 $(6.01\pm1.28)\mu g/m^3$ 和 $(1.00\pm0.06)\mu g/m^3$；冬季 OC、EC 的质量浓

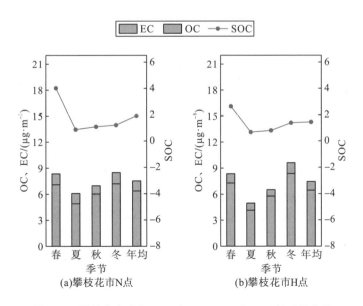

图 6-21　攀枝花市大气 PM_1 中 OC、EC 及 SOC 的季节变化

注：图中数据为年均值

度分别为 5.77～9.65μg/m³ 和 1.24～1.40μg/m³，平均为 (7.23±1.42)μg/m³ 和 (1.30±0.06)μg/m³。攀枝花市 H 点春季 OC、EC 的质量浓度分别为 3.34～12.76μg/m³ 和 0.69～1.40μg/m³，平均为 (7.29±3.83)μg/m³ 和 (1.08±0.31)μg/m³；夏季 OC、EC 的质量浓度分别为 2.69～6.23μg/m³ 和 0.66～1.10μg/m³，平均为 (4.15±1.32)μg/m³ 和 (0.86±0.18)μg/m³；秋季 OC、EC 的质量浓度分别为 4.02～8.32μg/m³ 和 0.52～1.00μg/m³，平均为 (5.76±1.77)μg/m³ 和 (0.75±0.19)μg/m³；冬季 OC、EC 的质量浓度分别为 5.83～10.15μg/m³ 和 1.04～1.38μg/m³，平均为 (8.37±1.77)μg/m³ 和 (1.25±0.13)μg/m³。

6.7.2　OC 和 EC 的相关性分析

根据 OC 和 EC 的相关性，能够识别出 PM_1 中 OC 和 EC 的来源是否为同一类污染源。表 6-6 显示攀枝花市 PM_1 中 OC 和 EC 较高的相关性均出现在冬季，原因是冬季易出现逆温现象，大气不易扩散且污染物相对集中，OC 和 EC 的来源相对稳定且单一；在夏季，OC 和 EC 的相关性是最低的，这是由于夏季雨水充沛，雨水对大气中的污染物能起到稀释和清除的作用，特别是对 OC 的稀释和清除效果最佳。从表 6-6 也可以看出，两地夏季 OC 质量浓度低于冬季。

表 6-6　成都市和攀枝花市两地 PM_1 中 OC 和 EC 相关性（R^2）

采样点	春	夏	秋	冬
攀枝花 N 点	0.88	0.53	0.71	0.97
攀枝花 H 点	0.74	0.56	0.92	0.98

6.7.3　二次有机碳的估算

图 6-21 为攀枝花市 PM_1 中不同季节 SOC 的估算质量浓度变化，攀枝花市 N 点和 H 点 SOC 质量浓度的季节变化是一致的，即春季>冬季>秋季>夏季。分析攀枝花市的天气可以得知，攀枝花市属干热河谷型气候，有着分明的旱、雨季，采样期间攀枝花春季和冬季降水量仅占总降水量的 4.56%和 0.74%，平均温度分别为 26℃和 17℃，干旱、高温和强烈的太阳辐射有利于光化学反应的进行；秋季和夏季降水量分别占总降水量的 18.37%和 76.33%，如前所述，降水对 OC 的清除效果是显著的，因此攀枝花市 SOC 的质量浓度表现为春、冬季大于秋、夏季。

SOC 估算分析结果显示，受本地气候、地形、机动车数量的影响，攀枝花市 N 点 SOC 最高为冬季，H 点 SOC 最高为春季。

6.8　攀枝花市大气 PM_1 源解析

6.8.1　富集因子法

　　富集因子分析已经普遍应用于大气颗粒物元素来源判别，如 Rovelli 等（2020）用该方法计算了意大利北部城市科莫的 PM_1 中重金属的富集程度，Cr 和 Ni 为中度富集，Cu、Zn 和 Pb 为高度富集，并认为这些元素均为人为来源。Wang Q 和 Wang W（2020）研究了上海轻度空气污染和重度空气污染大气 PM_1 中的元素富集程度，发现轻度污染空气 PM_1 中元素组分的 EF 值大于重度污染空气，与重度空气污染事件相比，轻度空气污染事件更应重视人为污染源。Zajusz-Zubek 等（2017）研究了波兰南部大气 PM_1 中元素的富集程度，并根据 EF 值将其分为两类，第一类为 Co（EF<1）和 Ni（EF=9.8），并认为含 Ni 的来源可能是地壳粉尘和道路粉尘的再悬浮，也可能是人为和地源的混合；第二类为 As 和 Cr（EF：11～100）及 Se、Cd、Hg、Sb 和 Pb（EF>100），富集因子的高值表明人为源占优势，并且影响了大气中的元素质量浓度。因此，富集因子被用于本书对 PM_1 样品中元素富集程度的分析，公式如下：

$$EF = \frac{\dfrac{E_k}{R_j}}{\dfrac{E_b}{R_b}} \tag{6-6}$$

式中，E_k 和 R_j 分别为 PM_1 颗粒物中研究元素和参考元素的质量浓度；E_b 和 R_b 分别为当地背景值与之对应的元素的质量浓度。

　　一般来说，参考元素尽可能选择地球化学活动稳定，受污染较小的元素，常用的参考元素有 Al（Yue et al.，2018；Clements et al.，2014）、Fe（Rovelli et al.，2020；Enamorado-Báez et al.，2015）、Mn（Wang et al.，2020；Zajusz-Zubek et al.，2017；Fabretti et al.，2009）、Sr（Dongarrà et al.，2007）等。根据前人的研究，本书将元素富集程度划分为如图 6-22 所示的 5 个级别（杨怀金等，2016）。

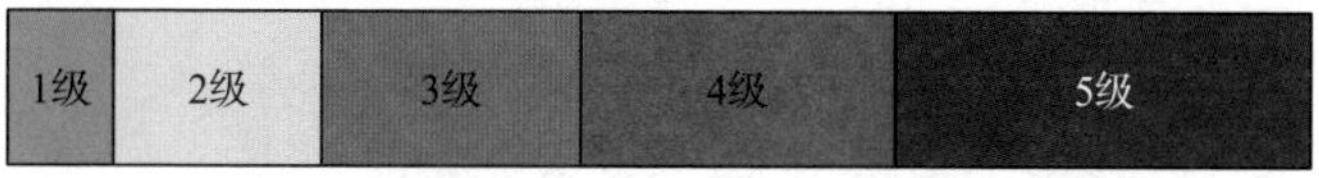

1级	2级	3级	4级	5级

1级：EF≤1，基本无富集或者轻微富集；主要来源于地壳或土壤。
2级：1<EF≤10，轻度富集；主要来源于自然源和人为源共同作用。
3级：10<EF≤100，中度富集；主要来源于人为污染源。
4级：100<EF≤1000，高度富集；主要来源于人为污染源。
5级：EF>1000，超富集；主要来源于人为污染源。

图 6-22　基于 EF 的污染分类图

为了探讨本书中较为适合的参比元素,我们采用变异系数这一统计量来判定,一般认为变异系数越小,变异程度就越小,相对元素而言也就越稳定。通过计算,攀枝花市 N 点和 H 点的最小变异系数元素分别为 Fe(36.80%)和 Fe(44.91%)。因此,攀枝花市 N 点和 H 点的参比元素定为 Fe。通常,一些学者将地壳元素质量浓度均值定为背景值(Chen et al., 2015),但用地壳元素背景值来计算富集因子,其结果也许会高估"人为源"的影响。而另一些学者则采用当地的土壤背景值来计算富集因子(Wu et al., 2019)。通过对比计算,本书认为采用当地土壤背景值(赵培道等,1985)来计算富集因子更适合本次研究。由于攀枝花市缺少 Ba、Tl、Sb 的土壤背景值,对攀枝花市大气 PM_1 中 Ba、Tl、Sb 三元素的 EF 计算则采用四川省土壤背景值(中国环境监测中心,1990)。

本书绘制了攀枝花市 PM_1 中元素组分的富集因子 EF 值,如图 6-23 所示。由图分析可知,攀枝花市 58.33%的元素 EF 值都大于 10,表明人为源对这些元素具有较大的贡献,攀枝花市无论是 N 点还是 H 点,PM_1 中 EF 值最高的均为 Pb,分别为 734.12 和 1036.91,说明这些元素的富集程度较高,均主要来自人为源。值得一提的是,攀枝花 N 点和 H 点 PM_1 中 Tl 的 EF 值分别达到了 201.18 和 261.42,属高度富集,均主要来自人为源,应引起注意。

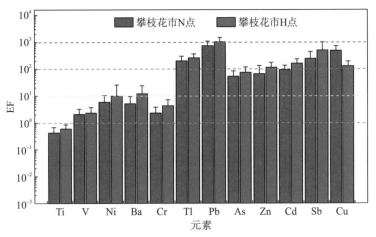

图 6-23 攀枝花市大气 PM_1 中元素组分的 EF 值

6.8.2 碳同位素示踪

C 是大气颗粒物中的重要组成成分之一,特别是在超细颗粒中的占比更大。本书研究发现 C 在 PM_1 中的含量占比最高可达 38.5%,同时 C 组分还是灰霾形成和转化的必要因素(Li et al., 2020)。因此,准确识别 C 的来源就显得尤为重要。由于不同排放源中 C 同位素的组成是不同的,故可根据不同源 $\delta^{13}C$ 的差异来示踪大气中含 C 组分的来源(曾梓琪等，2019)。本次研究采集了几种潜在来源样品，主要包括：①生物质燃烧(包括 C3 和 C4 植物)，C3 植物为小麦秸秆，C4 植物为玉米秸秆；②机动车尾气(包括汽油和柴油)，汽油车主要来自私家轿车，柴油车主要来自公交车和货车；③燃煤。本书研究所涉及的潜在来源 $\delta^{13}C$ 的值见表 6-7。

表 6-7　攀枝花市潜在来源的 $\delta^{13}C$ 值

样品位置	潜在来源	数量	$\delta^{13}C$/‰(最小值~最大值)
	C3 植物	2	−28.51±0.04(−28.53~−28.48)
	C4 植物	2	−19.62±0.03(−19.60~−19.64)
攀枝花	柴油车尾气(货车)	3	−26.55±0.05(−26.51~−26.61)
	汽油车尾气(轿车)	3	−25.43±0.08(−25.48~−25.34)
	燃煤	4	−24.40±0.04(−24.44~−24.35)

本次研究中 C3 植物和 C4 植物的 $\delta^{13}C$ 值与吴梦龙(2014)的研究结果($\delta^{13}C3$：−29.81‰，$\delta^{13}C4$：−19.30‰)相似；两地柴油车尾气的 $\delta^{13}C$ 值有略微差异，这是由不同功率的柴油车类型所致(陈颖军等，2012)。本次研究中柴油车的 $\delta^{13}C$ 值小于陈颖军(2012)的研究结果($\delta^{13}C_{柴油}$：−25.23‰)；本次研究中燃煤的 $\delta^{13}C$ 值小于陈颖军等(2012)的研究结果($\delta^{13}C_{燃煤}$：−23.63‰)以及 Kawashima 和 Haneishi(2012)的研究结果($\delta^{13}C_{燃煤}$：−23.3‰)，但大于吴梦龙(2014)的研究结果($\delta^{13}C_{高硫煤}$：−25.50‰，$\delta^{13}C_{低硫煤}$：−25.39‰)，显然不同国家、不同地区燃煤的 $\delta^{13}C$ 值有所差异，这与煤的品质类型、产地、燃烧技术有关。

攀枝花市大气 PM_1 中 $\delta^{13}C$ 的季节变化如图 6-24 所示。攀枝花市春季、夏季、秋季和冬季的 $\delta^{13}C$ 平均值分别为−25.53‰±0.55‰(范围为−26.29‰~−24.69‰)、−25.85‰+0.35‰(范围为−26.28‰~−25.23‰)、−25.24‰±0.93‰(范围为−26.18‰~−23.23‰)和−25.16‰±0.34‰(范围为−25.77‰~−24.65‰)。其中，攀枝花市 N 点春季、夏季、秋季和冬季的 $\delta^{13}C$ 平均值分别为−25.73‰±0.61‰(范围为−26.29‰~−24.77‰)、−26.07‰±0.23‰(范围为−26.28‰~−25.78‰)、−25.83‰±0.34‰(范围为−26.18‰~−25.30‰)、−25.35‰±0.29‰(范围为−25.77‰~−25.10‰)；攀枝花 H 点春季、夏季、秋季、冬季的 $\delta^{13}C$ 平均值分别为−25.32‰±0.45‰(范围为−25.69‰~−24.69‰)、−25.63‰±0.32‰(范围为−25.98‰~−25.23‰)、−24.65‰±0.98‰(范围为−25.67‰~−23.23‰)、−24.96‰±0.28‰(范围为−25.30‰~−24.65‰)。由图 6-24 还可知，攀枝花市两个采样点的 PM_1 中，春季的 $\delta^{13}C$ 值相较于冬季偏小，与春季 SOC 值大于冬季是一致的。

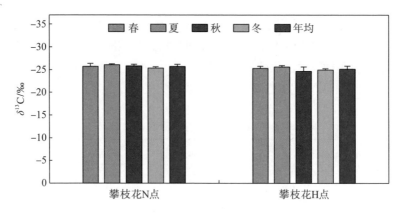

图 6-24 攀枝花市大气 PM_1 中不同季节 $\delta^{13}C$ 值

目前对我国各个城市大气 PM_1 的研究程度不深入,尤其是 C 同位素研究领域仍缺乏相关的研究,因此未能完整搜集到不同季节大气 PM_1 中的 $\delta^{13}C$ 值。为此本书选取了我国南北共计 15 个城市大气 $PM_{2.5}$ 中的 $\delta^{13}C$ 值并与本研究结果进行对比分析(图 6-25)。由图 6-25 的分析可知,除武汉、上海、杭州、广州外,其余城市均表现出夏季 $\delta^{13}C$ 值小于冬季的 $\delta^{13}C$ 值,夏、冬两季差异为 0.2‰~3.2‰。对攀枝花市而言,冬季的 $\delta^{13}C$ 值明显大于南方各个城市,这可能跟攀枝花这座工业城

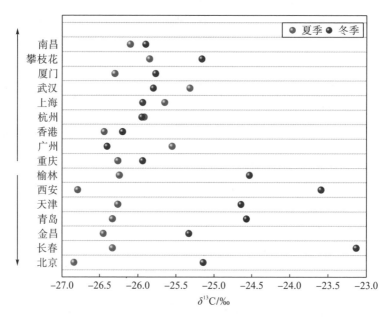

图 6-25 我国大气环境总碳气溶胶 $\delta^{13}C$ 的时空分布

攀枝花为本次研究,南昌(曾梓琪等,2019),厦门、武汉、上海、杭州、香港、广州、重庆、榆林、西安、天津、青岛、金昌、长春和北京(Cao et al., 2011)。

市的产业结构有关。攀枝花市 2016 年第二产业占比为 70.5%，是成都市的 1.64 倍，因此燃煤、汽车尾气应成为本区大气碳的来源。同时，攀枝花市冬季的 δ^{13}C（−25.16‰）与北方城市金昌（δ^{13}C：−25.33‰）、北京（δ^{13}C：−25.14‰）相近，也与我国燃煤的特征相符（δ^{13}C：−25.50‰～−23.63‰）（石磊等，2016；陈颖军等，2012）。综上所述，无论是细颗粒还是超细颗粒，燃煤大气对碳的贡献都十分显著。

通常，在一个同位素系统和两个源的情况下，可以求解下列系统的质量平衡方程（Phillips and Gregg，2003），以确定源同位素贡献（k_a、k_b）与测试的潜在来源特征（δ_a、δ_b）相吻合的比例（δ_m）：

$$\delta_m = k_a\delta_a + k_b\delta_b \tag{6-7}$$

$$1 = k_a + k_b \tag{6-8}$$

式中，δ_m 为环境样品中的碳同位素值，δ_a、δ_b 分别为潜在源的同位素值。

式（6-7）和式（6-8）组成的方程组可以推广到包含两个以上的源。例如，对于一种同位素系统的 5 种来源，具有下列方程：

$$\delta_{m1} = k_{a1}\delta_{a1} + k_{b1}\delta_{b1} + k_{c1}\delta_{c1} + k_{d1}\delta_{d1} + k_{e1}\delta_{e1} \tag{6-9}$$

$$1 = k_{a1} + k_{b1} + k_{c1} + k_{d1} + k_{e1} \tag{6-10}$$

式中，δ_{m1} 为 PM$_1$ 中总碳的同位素组成；δ_{a1}、δ_{b1}、δ_{c1}、δ_{d1}、δ_{e1} 分别为 C3 植物、C4 植物、柴油车尾气、汽油车尾气和燃煤的总碳同位素组成，即 δ^{13}C（‰）值。

此时，方程无唯一解，但可以通过以下步骤确定可行解在数据集中的分布来得出 5 个源的贡献组合。第一，通过小的增量迭代创建每个可能的源比例组合（总和为100%）；第二，当每种组合产生时，计算混合物的预测同位素特征；第三，将预测的混合特征值与观测的混合特征值进行比较；第四，描述所有这些可行解在数据集中的分布。因此，本书采用由 EPA 提供的 Iso Source（1.3.1）软件（Phillips and Gregg，2003）对潜在碳源进行求解。

由图 6-26 的分析可知，攀枝花市大气 PM$_1$ 中的 C 源主要来源于汽油车尾气、柴油车尾气、燃煤、C3 植物和 C4 植物的燃烧，其年均源贡献占比分别为 25.1%、23.5%、21.5%、19.2% 和 10.7%。另外，我们还计算了攀枝花市两个采样点 PM$_1$ 样品中 C 源的贡献，攀枝花市 N 点年均源对 C 源的贡献：柴油车尾气（26.3%）＞汽油车尾气（23.6%）＞C3 植物燃烧（23.0%）＞燃煤（18.5%）＞C4 植物燃烧（8.6%）；H 点年均源对 C 源的贡献趋势：汽油车尾气（24.4%）=燃煤（24.4%）＞柴油车尾气（21.1%）＞C3 植物燃烧（16.6%）＞C4 植物燃烧（13.5%）。H 点的燃煤贡献大于 N 点的燃煤贡献，这是因为一是 H 点位于 N 点的西北向，而攀枝花市在采样期间的主导风向是东南向，H 点位于主导风向的下风向。此外，H 点周围主要是石灰石采矿厂、巴关河渣场、洗煤厂等污染源分布，因此 H 点的燃煤占比较大。显然，C 源的来源在两市大气 PM$_1$ 中有明显的差异，但整体上攀枝花以汽车尾气和燃煤为主。

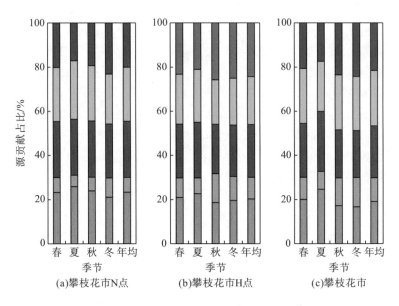

图 6-26 攀枝花市大气 PM_1 中不同季节不同来源对 $\delta^{13}C$ 的相对贡献

参 考 文 献

白莹, 2011. 缙云山气溶胶粒子质量浓度和水溶性离子特征研究[D]. 重庆: 西南大学.

白羽, 唐毅, 殷晓梅, 等, 2021. 攀枝花市区及盐边县城区城市臭氧污染状况研究[J]. 四川环境, 40(02): 42-51.

毕丽玫, 2015. 高原城市昆明大气 $PM_{2.5}$ 污染特征及与气象条件相关性分析研究[D]. 昆明: 昆明理工大学.

岑世宏, 2011. 京津唐城市群大气 PM_{10} 和 $PM_{2.5}$ 理化特征及健康效应研究[D]. 北京: 中国矿业大学(北京).

曹军骥, 2014. $PM_{2.5}$ 与环境[M]. 北京: 科学出版社.

陈晨, 2017. 典型焦化基地大气降尘沉降通量的时空分异特征及影响因素[D]. 晋中: 山西农业大学.

陈诚, 陈辰, 汤莉莉, 等, 2014. 江苏沿江城市 PM_{10} 和 $PM_{2.5}$ 中水溶性离子特征及来源分析[J]. 环境化学, 33(12): 2123-2135.

陈大飞, 1985. 四川省渡口市攀钢地区大气污染与人体健康关系的研究[J]. 海南大学学报(自然科学版)(2): 23-31.

陈刚, 刘佳媛, 皇甫延琦, 等, 2016. 合肥城区 PM_(10) 及 PM_(2.5) 季节污染特征及来源解析[J]. 中国环境科学, 36(07): 1938-1946.

陈兴茂, 冯丽娟, 李先国, 等, 2004. 青岛地区大气气溶胶中微量金属的时空分布[J], 环境化学, 23(3): 334-340.

陈衍婷, 赵金平, 陈进生, 等, 2013. 厦门市郊区降尘中大分子有机质化学特征浅析[J]. 环境科学学报, 33(4): 8.

陈颖军, 蔡伟伟, 黄国培, 等, 2012. 典型排放源黑碳的稳定碳同位素组成研究[J]. 环境科学, 33(3): 673-678.

陈宗娇, 刘枢, 黄彦红, 等, 2018. 2016年沈阳市 SO_2 污染时空分布特征研究[J]. 环境保护科学, 10(6): 66-70.

程念亮, 张大伟, 李云婷, 等, 2015, 2000~2014年北京市 SO_2 时空分布及一次污染过程分析[J]. 环境科学, 36(11): 3961-3971.

程馨, 2017. 攀枝花市大气可吸入颗粒物地球化学特征研究[D]. 成都: 成都理工大学.

代志光, 张承中, 李勇, 等, 2014. 西安夏季 $PM_{2.5}$ 中碳组分与水溶性无机离子特征分析[J]. 环境工程学报, 8(10): 4366-4372.

刀谞, 王超, 张霖琳, 等, 2015a. 我国4个大气背景点环境空气颗粒物 $PM_{2.5}$、PM_{10} 中水溶性离子分布特征[J]. 环境化学, 34(6): 1095-1102.

刀谞, 张霖琳, 王超, 等, 2015b. 京津冀冬季与夏季 $PM_{2.5}/PM_{10}$ 及其水溶性离子组分区域性污染特征分析[J]. 环境化学, 1: 60-69.

邓昌州, 平先权, 杨文, 等, 2012. 探讨富集因子背景值的选择[J]. 环境化学, 31(9): 1362-1367.

刁贝娣, 曾克峰, 苏攀达, 等, 2016. 中国工业氮氧化物排放的时空分布特征及驱动因素分析[J]. 资源科学, 38(09): 1768-1779.

董海燕, 古金霞, 陈魁, 等, 2013. 天津市区 PM_(2.5)中碳组分污染特征及来源分析[J]. 中国环境监测, 29(01): 34-38.

杜蔚, 2015. 青藏高原背景站细颗粒理化特征及粒子增长机制研究[D]. 成都: 成都信息工程大学.

端木合顺, 2005. 西安市降尘粒度空间分布特征及环境意义[J]. 西安科技大学学报, 25(2): 160-163.

段小丽, 魏复盛, 2002. 苯并(a)芘的环境污染、健康危害及研究热点问题[J]. 世界科技研究与发展(01): 11-17.

樊景森, 2013. 宣威肺癌高发区室内 PM_{10} 和 $PM_{2.5}$ 理化特征研究[D]. 北京: 中国矿业大学(北京).

樊晓燕, 温天雪, 徐仲均, 等, 2013. 北京大气颗粒物碳质组分粒径分布的季节变化特征[J]. 环境化学, 32(05): 742-747.

樊啸辰, 郎建垒, 程水源, 等, 2018. 北京市大气环境 $PM_{2.5}$ 和 PM_1 及其碳质组分季节变化特征及来源分析[J]. 环境科学, 39(10): 4430-4438.

冯茜丹, 刘艳, 党志, 等, 2008. 应用化学提取法评价大气颗粒物中重金属的生物有效性[J]. 环境工程学报, 2(2): 243-248.

冯茜丹, 明彩兵, 刘晖, 等, 2015. 2011 年秋季广州城区大气 $PM_{2.5}$ 微观形貌和粒度分布[J]. 中国环境科学, 35(004): 1013-1018.

冯银厂, 2009. 攀枝花市 PM_{10} 来源解析及污染防治对策研究[Z]. 四川: 攀枝花市环境保护科学研究所.

高晓梅, 2012. 我国典型地区大气 $PM_{2.5}$ 水溶性离子的理化特征及来源解析[D]. 济南: 山东大学.

高晓梅, 王韬, 周杨, 等, 2011. 泰山春、夏两季大气颗粒物及其水溶性无机离子的粒径分布特征[J]. 环境化学, 30(03): 686-692.

高月, 孙荣国, 陈卓, 等, 2018. 重庆市主城区大气中二氧化硫浓度时空分布特征研究[J]. 贵州师范大学学报(自然科学版), 36(006): 20-27.

葛平, 赵斌, 吴献花, 等, 2012. 柴河流域典型区域大气降尘量年内变化特征研究[J]. 安徽农业科学, 40(24): 12132-12133+12143.

耿福海, 刘琼, 陈勇航, 2012. 近地面臭氧研究进展[J]. 沙漠与绿洲气象, 6(6): 8-14.

古金霞, 白志鹏, 刘爱霞, 等, 2009. 天津冬季 $PM_{2.5}$ 与 PM_{10} 中有机碳、元素碳的污染特征[J]. 环境污染与防治, 31(08): 33-36.

郭嘉, 2016. 攀枝花纳拉箐钒钛磁铁矿矿床地质特征及成矿规律[D]. 成都: 成都理工大学.

韩春梅, 王林山, 巩宗强, 等, 2005. 土壤中重金属形态分析及其环境学意义[J]. 生态学杂志, 24(12): 1499-1502.

何宗健, 袁胜林, 肖美, 等, 2010. 夏季南昌大气颗粒物 PM_{10} 和 $PM_{2.5}$ 污染水平研究[J]. 安徽农业科学, 38(3): 1136-1138, 1384.

贺锡泉, 1984. 河门口山区河谷地带大气扩散规律初探[J]. 大自然探索, (04): 78-82.

侯聪, 2017. 公路隧道及城市 $PM_{2.5}$ 单颗粒特征及老化过程研究[D]. 北京: 中国矿业大学(北京).

胡颖, 2016. 宣威肺癌地区室内大气颗粒物理化特征及其毒性研究[D]. 北京: 中国矿业大学(北京).

黄婧, 郭新彪, 2014. 交通相关空气污染的健康影响研究进展[J]. 中国环境科学, 34(6): 1592-1598.

黄顺生, 华明, 金洋, 等, 2008. 南京市大气降尘重金属含量特征及来源研究[J]. 地学前缘, 15(5): 161-166.

吉东生, 王跃思, 孙扬, 等, 2009. 北京大气中 SO_2 浓度变化特征[J]. 气候与环境研究, 14(1): 69-76

姜文娟, 2016. 南京大气 $PM_{1.1}$ 和生物质中碳质特征及同位素组成研究[D]. 南京: 南京信息工程大学.

蒋燕, 贺光艳, 罗彬, 等, 2016. 成都平原大气颗粒物中无机水溶性离子污染特征[J]. 环境科学, 37(08): 2863-2870.

李景鑫, 陈思宇, 王式功, 等, 2017. 2013-2014 年我国大气污染物的时空分布特征及 SO_2 质量浓度年代际变化[J]. 中国科技论文, 012(003): 336-345.

李世景, 2012. 平顶山市城区大气降尘特点监测与研究[J]. 中外企业家, (06): 73-74.

李书隆, 朱振华, 杜福生, 等, 1986. 大气钒污染与儿童尿钒含量关系的调查[J]. 环境与健康杂志(03): 12-14.

李顺品, 周兰萍, 温沙洛, 2004. 攀枝花市 1~6 岁儿童血铅、钒、钛水平的调查[J]. 四川医学(03): 377-378.

李粟, 苗海斌, 康富华, 2015. 石家庄市春季 PM_{10} 和 $PM_{2.5}$ 浓度及其水溶性离子组分特征分析[J]. 河北工业科技, 32(01): 90-94.

李卫军, 邵龙义, 时宗波, 等, 2008. 城市雾天单个矿物颗粒物理和化学特征[J]. 环境科学, 29(1): 253-258.

李英红, 2015. 兰州市大气细颗粒物($PM_{2.5}$)化学成分污染特征及来源分析[D]. 兰州: 兰州大学, 1-90.

李玉昌, 2000. 攀枝花市矿山地质环境现状及保护对策[J]. 四川地质学报, 20(2): 125-129.

李玉昌, 2004. 攀枝花城市环境地球化学研究[D]. 成都: 成都理工大学.

刘斐, 李志刚, 2000. 兰州市大气污染及其调控[J]. 城市管理与科技, 2(3): 31-34.

刘立, 2016. 东莞/武汉城市大气颗粒物的理化特性与来源解析[D]. 武汉: 华中科技大学.

刘睿劼, 张智慧, 2012. 中国工业二氧化硫排放趋势及影响因素研究[J]. 环境污染与防治, (10): 100-104.

刘咸德, 贾红, 齐建兵, 等, 1994. 青岛大气颗粒物的扫描电镜研究和污染源识别[J]. 环境科学研究, 7(3): 10-16.

刘新春, 陈红娜, 赵克蕾, 等, 2015. 乌鲁木齐大气细颗粒物 $PM_{2.5}$ 水溶性离子浓度特征及其来源分析[J]. 生态环境学报, 24(12): 2002-2008.

刘星, 黄虹, 左嘉, 等, 2016. 夏季降雨对大气污染物的清除影响[J]. 环境污染与防治, 38(3): 20-24.

刘亚梦, 2014. 我国大气污染物时空分布及其与气象因素的关系[D]. 兰州: 兰州大学.

刘彦飞, 2010. 哈尔滨市可吸入颗粒物物理化学特征及生物活性研究[D]. 北京: 中国矿业大学, 32-36.

刘章现, 王国贞, 郭瑞, 等, 2011. 河南省平顶山市大气降尘的化学特征及其来源解析[J]. 环境化学, 30(4): 825-831.

刘泽常, 许夏, 程慧娟, 等, 2014. 德州市大气细粒子中碳组分的污染特征研究[J]. 环境科学与技术, 37(4): 105-109.

卢亚灵, 蒋洪强, 张静, 2012. 中国地级以上城市 SO_2 年均质量浓度时空特征分析[J]. 生态环境学报, 000(012): 1971-1974.

鲁斯唯, 林婷, 李森琳, 等, 2015. 厦门城区秋季不同粒径大气颗粒物的微观形貌分析[J]. 厦门大学学报: 自然科学版, 54(2): 216-223.

雒洋冰, 2014. 川东川南晚二叠世煤及凝灰岩中微量元素地球化学研究[D]. 北京: 中国矿业大学(北京).

吕森林, 邵龙义, Tim Jones, 等, 2005. 北京 PM_{10} 中矿物颗粒的微观形貌及粒度分布[J]. 环境科学学报, 25(7): 863-869.

马敏劲, 谭子渊, 陈玥, 2019. 近 15a 兰州市空气质量变化特征及沙尘天气影响[J]. 兰州大学学报(自然科学版), 55(1): 33-41.

马玉孝, 纪相田, 张成江, 等, 2001. 攀枝花地区地质研究新进展[J]. 矿物岩石, (2): 94-97.

潘本锋, 程麟钧, 王建国, 等, 2016. 京津冀地区臭氧污染特征与来源分析[J]. 中国环境监测, 32(5): 17-23.

乔玉霜, 2011. 京津唐城市群大气 PM_{10} 和 $PM_{2.5}$ 理化特征及健康效应研究[D]. 北京: 中国矿业大学.

邵龙义, 时宗波, 2003. 北京西北城区与清洁对照点夏季大气 PM_{10} 的微观特征及粒度分布[J]. 环境科学, 24(5): 11-16.

佘峰, 2011. 兰州地区大气颗粒物的化学特征及沙尘天气对其影响研究[D]. 兰州: 兰州大学.

沈振兴, 李丽珍, 杜娜, 等, 2007. 西安市春季大气细粒子的质量浓度及其水溶性组分的特征[J]. 生态环境, 16(4): 1193-1198.

沈振兴, 霍宗权, 韩月梅, 等, 2009. 采暖期和非采暖期西安大气颗粒物中水溶性组分的化学特征[J]. 高原气象, 28(1): 151-158.

盛涛, 2014. 昆明市大气 PM₁₀ 和 PM₂.₅ 比值特征及来源研究[D]. 昆明: 昆明理工大学.

石磊, 郭照冰, 姜文娟, 等, 2016. 南京地区大气 PM₂.₅ 潜在污染源硫碳同位素组成特征[J]. 环境科学. 37(1): 22-27.

史美鲜, 彭林, 刘效峰, 等, 2014. 忻州市环境空气 PM₁₀ 中有机碳和元素碳污染特征分析[J]. 环境科学, 35(2): 458-463.

宋晓焱, 2010. 煤矿区城市 PM₁₀ 的物理化学特征及毒性研究[D]. 北京: 中国矿业大学.

孙韧, 张文具, 董海燕, 等, 2014. 天津市 PM₁₀ 和 PM₂.₅ 中水溶性离子化学特征及来源分析[J]. 中国环境监测, 30(2): 145-150.

谭德彪, 2005. 攀枝花市环境空气质量现状及污染因素分析[J]. 攀枝花科技与信息, (2): 23-29.

谭学士, 2015. 天津市大气颗粒物中 OC/EC 污染特征与细粒径来源解析[D]. 北京: 北京化工大学.

汤加云, 1998. 攀钢片区大气中苯并[α]芘污染调查分析[J]. 重庆环境科学, (5): 58-60.

唐毅, 陈治翰, 罗治华, 等, 2016 . 后向轨迹模式在攀枝花市 PM₂.₅ 来源分析研究中的应用[J]. 四川环境, 35(4): 83-89

王广华, 位楠楠, 刘卫, 等, 2010. 上海市大气颗粒物中有机碳(OC)与元素碳(EC)的粒径分布[J]. 环境科学, 31(9): 1993-2001.

王红丽, 2015. 上海市光化学污染期间挥发性有机物的组成特征及其对臭氧生成的影响研究[J]. 环境科学学报, 35(6): 1603-1611.

王嘉珺, 赵雪艳, 姬亚芹, 等, 2012. 抚顺市 PM₁₀ 中元素分布特征及来源分析[J]. 中国环境监测, 28(4): 107-113.

王敏, 邹滨, 郭宇, 等, 2013. 基于 BP 人工神经网络的城市 PM₂.₅ 浓度空间预测[J]. 环境污染与防治, 35(9): 63-66+70.

王同桂, 2007. 重庆市大气 PM₂.₅ 污染特征及来源解析[D]. 重庆: 重庆大学.

王志国, 王立柱, 王锷一, 2003. 城市空气质量数值预报方法研究[J]. 上海环境科学, 22(5): 317-321.

韦英英, 杨苏勤, 陈志泉, 等, 2018. 基于 OMI 卫星数据的长三角对流层 NO₂ 特征研究[J]. 环境科学与技术, 41(03): 80-87.

魏复盛, 滕恩江, 吴国平, 等, 2001. 我国 4 个大城市空气 PM₂.₅、PM₁₀ 污染及其化学组成[J]. 中国环境监测(S1): 1-6.

吴梦龙, 2014. 南京地区大气气溶胶中含碳物质特征及同位素示踪[D]. 南京: 南京信息工程大学.

吴梦龙, 郭照冰, 刘凤玲, 等, 2014. 南京市大气颗粒物中有机碳和元素碳粒径分布特征[J]. 环境科学, 35(2): 451-457.

奚晓霞, 李杰, 2002. 兰州市城关区 2000 年春季大气气溶胶特征及分析[J]. 环境科学研究, 15(6): 33-34, 38.

向迎春, 张丽莹, 高飞, 等, 2014. 重庆万州二氧化硫浓度和气象条件关系分析[J]. 农业灾害研究, (2): 42-44.

肖钟湧, 江洪, 程苗苗, 2011. 利用 OMI 遥感数据研究中国区域大气 NO₂[J]. 环境科学学报, (10): 2080-2090.

肖钟湧, 赵伯维, 陈雅文, 等, 2018. 2005～2016 年中国大气边界层 SO₂ 的时空变化趋势[J]. 中国环境科学, 38(10): 3621-3627.

谢玉静, 朱继业, 王腊春, 等, 2008. 合肥市大气降尘粒度特征及污染物来源[J]. 城市环境与城市生态, 21(1): 30-33.

谢郁宁, 2017. 长江三角洲西部地区细颗粒硫酸盐变化特征及形成机制研究[D]. 南京: 南京大学.

徐敬, 丁国安, 颜鹏, 等, 2007. 北京地区 $PM_{2.5}$ 的成分特征及来源分析[J]. 应用气象学报, 18(5): 645-643.

徐敬, 张小玲, 赵秀娟等, 2009. 夏季局地环流对北京下风向地区 O_3 输送的影响[J]. 中国环境科学, 29(11): 1140-1146.

徐鹏, 郝庆菊, 吉东生, 等, 2014. 重庆市北碚城区大气污染物浓度变化特征观测研究[J]. 环境科学, 35(3): 820-829.

徐争启, 2009. 攀枝花钒钛磁铁矿区重金属元素地球化学特征[D]. 成都: 成都理工大学.

许欧泳, 严蔚芸, 王晓蓉, 等, 1984. 渡口市大气中重金属的分布特征[J]. 环境化学, (5): 35-42.

薛文博, 武卫玲, 雷宇, 等, 2015. 中国高分辨率近地面 NO_2 浓度反演[J]. 中国环境监测, 31(2): 153-156.

杨弘, 2014. 太原市大气颗粒物中重金属的污染特征及来源解析[D]. 太原: 山西大学.

杨怀金, 杨德容, 叶芝祥, 等, 2016. 成都西南郊区春季 $PM_{2.5}$ 中元素特征及重金属潜在生态风险评价[J]. 环境科学, 37(12): 4490-4503.

杨书申, 邵龙义, 王志石, 等, 2009. 澳门夏季大气颗粒物单颗粒微观形貌分析[J]. 环境科学, 30(5): 1514-1519.

杨勇杰, 王跃思, 温天雪, 等, 2008. 北京市大气颗粒物中 PM_{10} 和 $PM_{2.5}$ 质量浓度及其化学组成的特征分析[J]. 环境化学, 27(1): 117-118.

杨忠平, 卢文喜, 龙玉桥, 2009. 长春市城区重金属大气干湿沉降特征[J]. 环境科学研究, 22(1): 28-34.

姚尧, 李江风, 胡涛, 等, 2017. 中国城市 NO_2 浓度的时空分布及社会经济驱动力[J]. 资源科学, 39(7): 1383-1393.

姚志良, 张明辉, 王新彤, 等, 2012. 中国典型城市机动车排放演变趋势[J]. 中国环境科学, 32(9): 1565-1573.

易睿, 王亚林, 张殷俊, 等, 2015. 长江三角洲地区城市臭氧污染特征与影响因素分析[J]. 环境科学学报, 35(08): 2370-2377.

雍章弟, 2014. 攀枝花市三区地质灾害分布特征及防治[J]. 四川地质学报, 34(2): 228-233.

于瑞莲, 胡恭任, 袁星, 等, 2009. 大气降尘中重金属污染源解析研究进展[J]. 地球与环境, 37(1): 73-79.

余涛, 程新彬, 杨忠芳, 等, 2008. 辽宁省典型地区大气颗粒物重金属元素分布特征及对土地质量影响研究[J]. 地学前缘, (5): 146-154.

喻凤莲, 2007. 攀枝花市城市环境地质评价[D]. 成都: 成都理工大学.

曾梓琪, 肖红伟, 黄启伟, 等, 2019. 南昌市 $PM_{2.5}$ 中稳定碳同位素组成特征[J]. 地球化学, 48(3): 303-310.

张成江, 倪师军, 徐争启, 2006. 矿业城市发展过程中的环境地质问题——以攀枝花为例[J]. 矿床地质, 25(S1): 527-530.

张承中, 丁超, 周变红, 等, 2013. 西安市冬、夏两季 $PM_{2.5}$ 中碳气溶胶的污染特征分析[J]. 环境工程学报, 7(4): 1477-15871.

张丹, 翟崇治, 周志恩, 等, 2012. 重庆市主城区不同粒径颗粒物水溶性无机组分特征[J]. 环境科学研究, 25(10): 1009-1106.

张家泉, 胡天鹏, 刘浩, 等, 2014. 316 国道黄石-武汉段大气降尘中水溶性离子污染特征[J]. 中国粉体技术, 20(6): 35-39.

张凯, 王跃思, 温天雪, 等, 2008. 北京大气 PM_{10} 中水溶性金属盐的在线观测与浓度特征研究[J]. 环境科学, (1): 246-252.

张霖琳, 王超, 刀谞, 等, 2014. 京津冀地区城市环境空气颗粒物及其元素特征分析[J]. 中国环境科学, 34(12): 2993-3000.

张宁宁, 何元庆, 王春凤, 等, 2011. 丽江市冬季大气总悬浮颗粒物(TSP)中水溶性离子化学特征[J]. 环境科学, 32(3): 619-625.

张琦, 李效顺, 王状, 等, 2020. 煤炭生产, 消费与工业 SO₂ 排放关系计量研究: 以西部八省(区)为例[J]. 中国矿业 (2): 40-45.

张青, 饶灿. 2019. 典型区域城市 PM$_{2.5}$ 与 PM$_{10}$ 比值相关性研究[J]. 绿色科技(12): 129-130.

张小娟, 李莉, 王红丽, 等, 2019. 2010~2016 年上海城区臭氧长时间序列变化特征初探[J]. 环境科学学报, 39(1): 86-94.

张岩, 张洪海, 杨桂朋, 2013. 秋季渤海、北黄海大气气溶胶中水溶性离子组成特性与来源分析[J]. 环境科学, 34(11): 4146-4151.

张玉琴, 姜波, 李永军, 等, 2013. 攀枝花短时强降水气候特征分析[J]. 高原山地气象研究, 33(2): 36-40.

张志刚, 2011. 抚顺市大气可吸入颗粒物中多环芳烃污染特征研究[J]. 现代科学仪器, (4): 72-74.

张棕巍, 胡恭任, 于瑞莲, 等, 2016. 厦门市大气 PM$_{2.5}$ 中水溶性离子污染特征及来源解析[J]. 中国环境科学, 36(7): 1974-1954.

赵海瑞, 储开凤, 尹东伟, 1995. 三峡地区水资源评价[J]. 水文, (3): 12-19.

赵金平, 张福旺, 徐亚, 等, 2010. 滨海城市不同粒径大气颗粒物中水溶性离子的分布特征[J]. 生态环境学报, 19(2): 300-306.

赵培道, 陆根法, 刘庆华, 1985. 渡口市土壤中若干元素的背景值[J]. 南京大学学报(自然科学版), (1): 166-176.

赵文吉, 沈楠驰, 周丙锋, 等, 2020. 2015—2019 年天津市大气污染物时空变化特征及成因分析[J]. 生态环境学报, 29(9): 1862-1873.

郑天祥, 2020. 杭州市 PM$_{2.5}$ 的影响因素及其预测分析[D]. 桂林: 广西师范大学.

中国环境监测中心, 1990. 中国土壤元素背景值[M]. 北京: 中国环境科学出版社.

周春艳, 厉青, 王中挺, 等, 2016. 2005~2014 年京津冀对流层 NO₂ 柱浓度时空变化及影响因素[J]. 遥感学报, 20(03): 468-480.

周敏, 陈长虹, 王红丽, 等, 2013. 上海秋季典型大气高污染过程中有机碳和元素碳的变化特征[J]. 环境科学学报, 33(01): 181-188.

周声圳, 2014. 我国典型城市和高山地区碳质气溶胶及单颗粒混合状态研究[D]. 济南: 山东大学.

周越, 2006. 大气扩散模型系统在山区中小城市空气质量预报中的应用[D]. 昆明: 昆明理工大学.

朱常琳, 孟双双, 张荣国, 2017. 西安市主要大气污染物的相关性分析及时空分布特征[J]. 环境工程, 35(12): 86-91.

Alessandra G, Federico B, Maria S, et al., 2012. SEM-EDS investigation on PM$_{10}$ data collected in Central Italy: Principal Component Analysis and Hierarchical Cluster Analysis[J]. Chemistry Central Journal, 6(2): S3.

Apicella B, Pré P, Alfè M, et al., 2015. Soot nanostructure evolution in premixed flames by High Resolution Electron Transmission Microscopy (HRTEM)[J]. Proceedings of the Combustion Institute, 35(2): 1895-1902.

Arimoto R, Duce R A, Ray B J, et al., 1996. Trace elements in the atmosphere over the North Atlantic[J]. J Geophy Res,

D1: 1119- 1213.

Arndt J, Deboudt K, Anderson A, et al., 2016. Scanning electron microscopy-energy dispersive X-ray spectrometry (SEM-EDX) and aerosol time-of-flight mass spectrometry (ATOFMS) single particle analysis of metallurgy plant emissions [J]. Environmental Pollution, 210: 9-17.

Beatrice M, David C, Fabio M, et al., 2012. Integrated single particle-bulk chemical approach for the characterization of local and long range sources of particulate pollutants [J]. Atmospheric Environment, 50: 267-277.

Brown P, Jones T, BéruBé K, 2011. The internal microstructure and fibrous mineralogy of fly ash from coal-burning power stations[J]. Environmental Pollution, 159(12): 3324-3333.

Cao J J, Chow J C, Tao J, et al., 2011. Stable carbon isotopes in aerosols from Chinese cities: Influence of fossil fuels[J]. Atmospheric Environment, 45(6): 1359-1363.

Chen P, Bi X, Zhang J, et al., 2015. Assessment of heavy metal pollution characteristics and human health risk of exposure to ambient $PM_{2.5}$ in Tianjin, China[J]. Particuology, 20: 104-109.

Cheng Y F, Zheng G J, Wei C, et al., 2016. Reactive nitrogen chemistry in aerosol water as a source of sulfate during haze events in China[J]. Science Advances, 2(12): e1601530.

Chow J C, Watson J G, Lu Z, et al., 1996. Descriptive analysis of $PM_{2.5}$ and PM_{10} at regionally representative locations during SJVAQS/AUSPEX[J]. Atmospheric Environment, 30(12): 2079-2112.

Clements N, Eav J, Xie M, et al., 2014. Concentrations and source insights for trace elements in fine and coarse particulate matter[J]. Atmospheric Environment, 89: 373-381.

Cui L, Liang J, Fu H, et al., 2020. The contributions of socioeconomic and natural factors to the acid deposition over China[J]. Chemosphere, 253: 126491.

Diao B, Zeng K, Panda S U, et al., 2016. Temporal-spatial distribution characteristics of provincial industrial NO_x emissions and driving factors in China from 2006 to 2013[J]. Resources Science, 38(9): 1768-1779.

Dongarrà G, Manno E, Varrica D, et al., 2007. Mass levels, crustal component and trace elements in PM_{10} in Palermo, Italy[J]. Atmospheric Environment, 41(36): 7977-7986.

Downward G S, Hu W, Large D, et al., 2014. Heterogeneity in coal composition and implications for lung cancer risk in Xuanwei and Fuyuan counties, China[J]. Environment International, 68: 94-104.

Dye A L, Rhead M M, Trier C J, 2000. The quantitative morphology of roadside and background urban aerosol in Plymouth, UK[J]. Atmospheric Environment, 34(19): 3139-3148.

Ebert L B, Scanlon J C, Clausen C A, 1988. Combustion tube soot from a diesel fuel/air mixture: issues in structure and reactivity[J]. Energy & Fuels, 2(4): 438-445.

Enamorado-Báez S M, Gómez-Guzmán J M, Chamizo E, et al., 2015. Levels of 25 trace elements in high-volume air filter samples from Seville (2001-2002): Sources, enrichment factors and temporal variations[J]. Atmospheric Research, 155: 118-129.

Fabretti J F, Sauret N, Gal J F, et al., 2009. Elemental characterization and source identification of $PM_{2.5}$ using positive matrix factorization: the malraux road tunnel, nice, france[J]. Atmospheric Research, 94(2): 320-329.

Fridlind A M, Jacobson M Z, 2000. A study of gas-aerosol equilibri-um and aerosol pH in the remote marine boundary layer during the First Aerosol Characterization Experiment（ACE 1）[J]. J Geophys Res, 105: 17325-17340.

Galindo N, Yubero E, Nicolás J F, et al., 2018. Characterization of metals in PM_1 and PM_{10} and health risk evaluation at an urban site in the western Mediterranean[J]. Chemosphere, 201: 243-250.

Gao Y, Ji H, 2018. Microscopic morphology and seasonal variation of health effect arising from heavy metals in $PM_{2.5}$ and PM_{10}: One-year measurement in a densely populated area of urban Beijing[J]. Atmospheric Research, 212: 213-226.

Geng F H, Zhao C S, Tang X, et al., 2007. Analysis of ozone and VOCs measured in Shanghai: A case study[J]. Atmospheric Environment, 41（5）: 989-1001.

González L T, Rodríguez F E L, Sánchez-Domínguez M, et al., 2016. Chemical and morphological characterization of TSP and $PM_{2.5}$ by SEM-EDS, XPS and XRD collected in the metropolitan area of Monterrey, Mexico[J]. Atmospheric Environment, 143: 249-260.

Hanisch F, Crowley J N, 2001. Heterogeneous reactivity of gaseous nitric acid on Al_2O_3, $CaCO_3$, and atmospheric dust samples: a knudsen cell study[J]. Journal of Physical Chemistry A, 105（13）: 3096-3106.

Harb M K, Ebqa'ai M, Al-rashidi A, et al., 2015. Investigation of selected heavy metals in street and house dust from Al-Qunfudah, Kingdom of Saudi Arabia[J]. Environmental Earth Sciences, 74（2）: 1755-1763.

Hu M, Wu Z, Slanina J, et al., 2008. Acidic gases, ammonia and water-soluble ions in $PM_{2.5}$ at a coastal site in the Pearl River Delta, China[J]. Atmospheric Environment, 42（25）: 6310-6320.

Huang L, Wang G, 2014. Chemical characteristics and source apportionment of atmospheric particles during heating period in Harbin, China[J]. Journal of Environmental Sciences, 26（12）, 2475-2483.

Kaneyasu N, Ohta S, Murao N, 1995. Seasonal variation in the chemical composition of atmospheric aerosols and gaseous species in Sapporo, Japan[J]. Atmospheric Environment, 29（13）: 1559-1568.

Kawashima H, Haneishi Y, 2012. Effects of combustion emissions from the Eurasian continent in winter on seasonal $\delta^{13}C$ of elemental carbon in aerosols in Japan[J]. Atmospheric Environment, 46: 568-579.

Kelley J A, Jaffe D A, Baklanov A, et al., 1995. Heavy metals on the Kola Peninsula: Aerosol size distribution[J]. The Science of the Total Environment, 160/161: 135-138.

Khan J Z, Sun L, Tian Y, et al. , 2021. Chemical characterization and source apportionment of PM1 and PM2.5 in Tianjin, China: Impacts of biomass burning and primary biogenic sources[J]. Journal of Environmental Sciences, 99: 196-209.

Kurth L, Kolker A, Engle M, et al., 2014. Atmospheric particulate matter in proximity to mountaintop coal mines: Sources and potential environmental and human health impacts [J]. Environment Geochemistry and Health, 37: 529-544.

Levy, H, 1971. Normal atmosphere: Large radical and formaldehyde concentrations predicted[J]. Science, 173（3992）: 141-143.

Li P, Cao Y, Song G, et al., 2020. Anti-diabetic properties of genistein-chromium（III）complex in db/db diabetic mice and its sub-acute toxicity evaluation in normal mice[J]. Journal of Trace Elements in Medicine and Biology, 62: 126606.

Liu Y Y, Shen Y X, Liu C, et al., 2017. Enrichment and assessment of the health risks posed by heavy metals in PM_1 in Changji, Xinjiang, China[J]. Journal of Environmental Science and Health, Part A, 52（5）: 413-419.

Lv W, Wang Y, Querol X, et al., 2006. Geochemical and statistical analysis of trace metals in atmospheric particulates in Wuhan, central China[J]. Environmental Geology, 51(1): 121.

Lyu X P, Wang Z W, Cheng H R, et al., 2015. Chemical characteristics of submicron particulates (PM$_{1.0}$) in Wuhan, Central China[J]. Atmospheric Research, 161-162: 169-178.

Ma S, Wen Z, Chen J, 2012. Scenario analysis of sulfur dioxide emissions reduction potential in China's iron and steel industry[J]. Journal of Industrial Ecology, 16(4): 506-517.

Malea P, 1995. Fluoride content in three sea grasses of the Antikyra Gulf (Greece) in the vicinity of an aluminum factory[J]. Science of the Total Environment, 166(1-3): 11- 17.

Manno E, Varrica D, Dongarra G, 2006. Metal distribution in road dust samples collected in an urban area close to a petrochemical plant at Gela, Sicily [J]. Atmospheric Environment, 40(30): 5929-5941.

Menon S, Hansen J, Nazarenko L, et al., 2002. Climate effects of black carbon aerosols in China and India[J]. Science, 297: 2250-2253.

Mohiuddin K, Strezov V, Nelson P F, et al., 2014. Characterisation of trace metals in atmospheric particles in the vicinity of iron and steelmaking industries in Australia[J]. Atmospheric Environment, 83: 72-79.

Murari V, Kumar M, Singh N, et al., 2016. Particulate morphology and elemental characteristics: variability at middle Indo-Gangetic Plain[J]. Journal of Atmospheric Chemistry, 73: 165-179.

Novelli P C, 1999. CO in the atmosphere: Measurement techniques and related issues[J]. Chemosphere: Global Change science(1): 115-126.

Ohta S, Okita T, 1990. A chemical characterization of atmospheric aerosol in Sapporo[J]. Atmospheric Environment. Part A. General Topics, 24(4): 815-822.

Okada K, Kai K, 2004. Atmospheric mineral particles collected at Qira in the Taklimakan desert, China [J]. Atmospheric Environment, 38(40): 6927-6935.

Onat B, Sahin U A, Akyuz T, 2013. Elemental characterization of PM$_{2.5}$ and PM$_1$ in dense traffic area in Istanbul, Turkey[J]. Atmospheric Pollution Research, 4(1): 101-105.

Pandis S N, Seinfeld J H, 1990. The smog-fog-smog cycle and acid deposition[J]. Journal of Geophysical Research-Atmospheres, 95: 18489-18500.

Pérez N, Pey J, Querol X, et al., 2008. Partitioning of major and trace components in PM$_{10}$–PM$_{2.5}$–PM$_1$ at an urban site in Southern Europe[J]. Atmospheric Environment, 42(8): 1677-1691.

Phillips D L, Gregg J W, 2003. Source partitioning using stable isotopes: Coping with too many sources[J]. Oecologia, 136(2): 261-269.

Pipal A S, Kulshrestha A, Taneja A, 2011. Characterization and morphological analysis of airborne PM$_{2.5}$ and PM$_{10}$ in Agra located in north central India[J]. Atmospheric Environment, 45(21): 3621-3630.

Qiao T, Zhao M, Xiu G, et al., 2016. Simultaneous monitoring and compositions analysis of PM$_1$ and PM$_{2.5}$ in Shanghai: Implications for characterization of haze pollution and source apportionment[J]. Science of The Total Environment, 557-558: 386-394.

Ramanathan V, Callis L, Cess R, et al., 1987. Climate-chemical interactions and effects of changing atmospheric trace gases[J]. Reviews of Geophysics, 25(7)：1441-1482.

Roberto R L, Maryanna V M, Martin C C, 2014. Chemical and morphological study of PM_{10} analysed by SEM-EDS [J]. Open Journal of Air Pollution, 3: 121-129.

Rodríguez I, Galí S, Marcos C, 2009. Atmospheric inorganic aerosol of a non-industrial city in the centre of an industrial region of the North of Spain, and its possible influence on the climate on a regional scale[J]. Environmental Geology, 56(8): 1551-1561.

Rovelli S, Cattaneo A, Nischkauer W, et al., 2020. Toxic trace metals in size-segregated fine particulate matter: Mass concentration, respiratory deposition, and risk assessment[J]. Environmental Pollution, 266: 115242.

Samek L, Furman L, Mikrut M, et al., 2017. Chemical composition of submicron and fine particulate matter collected in Krakow, Poland. Consequences for the APARIC project[J]. Chemosphere, 187: 430-439.

Satsangi P G, Yadav S, 2014. Characterization of $PM_{2.5}$ by X-ray diffraction and scanning electron microscopy-energy dispersive spectrometer: Its relation with different pollution sources[J]. International Journal of Environmental Science and Technology, 11(1): 217-232.

Shen Z, Arimoto R, Cao J, et al., 2008. Seasonal variations and evidence for the effectiveness of pollution controls on water-soluble inorganic species in total suspended particulates and fine particulate matter from Xi'an, China[J]. Journal of the Air and Waste Management Association, 58(12): 1560-1570.

Shi Z, Shao L, Jones T P, et al., 2003. Characterization of airborne individual particles collected in an urban area, a satellite city and a clean air area in Beijing, 2001[J]. Atmospheric Environment, 37(29): 4097-4108.

Slezakova K, Pires J C M, Pereira M C, et al., 2008. Influence of traffic emissions on the composition of atmospheric particles of different sizes—Part 2: SEM-EDS characterization [J]. Journal of Atmospheric Chemistry, 60: 221-236.

Stone D, Evans M J, Walker H, et al., 2014. Radical chemistry at night: comparisons between observed and modelled HO_x, NO_3 and N_2O_5 during the RONOCO project[J]. Atmospheric Chemistry & Physics Discussions, (14): 1299-1321.

Streets D G, Gupta S, Waldhoff S T, et al., 2001. Black carbon emissions in China[J]. Atmospheric Environment, 35(25):4281-4296.

Sutherland R, 2000. Bed sediment-associated trace metals in an urban stream, Oahu, Hawaii[J]. Environmental Geology, 39(6): 611-627.

Talbi A, Kerchich Y, Kerbachi R, et al., 2018. Assessment of annual air pollution levels with PM_1, $PM_{2.5}$, PM_{10} and associated heavy metals in Algiers, Algeria[J]. Environmental Pollution, 232: 252-263.

Tang L, Qu J B, Mi Z F, et al., 2019. Substantial emission reductions from Chinese power plants after the introduction of ultra-low emissions standards[J]. Nature Energy, 4: 929-938.

Tao J, Shen Z, Zhu C, et al., 2012. Seasonal variations and chemical characteristics of sub-micrometer particles（PM_1）in Guangzhou, China[J]. Atmospheric Research, 118: 222-231.

Tao J, Zhang L, Engling G, et al., 2013. Chemical composition of $PM_{2.5}$ in an urban environment in Chengdu, China: Importance of springtime dust storms and biomass burning[J]. Atmospheric Research, 122：270-283.

Tao J, Gao J, Zhang L, et al., 2014. $PM_{2.5}$ pollution in a megacity of southwest China: Source apportionment and implication[J]. Atmospheric Chemistry & Physics, 14: 8679-8699.

Tian H Z, Lu L, Cheng K, et al., 2012. Anthropogenic atmospheric nickel emissions and its distribution characteristics in China[J]. Science of the Total Environment, 417-418:148-157.

Tripathi S N, Srivastava A B K, Dey S, et al., 2007. The vertical profile of atmospheric heating rate of black carbon aerosols at Kanpur in northern India[J]. Atmospheric Environment, 41 (32): 6909-6915.

Wang J F, Ge X L, Chen Y F, et al., 2016a. Highly time-resolved urban aerosol characteristics during springtime in Yangtze River Delta, China: insights from soot particle aerosol mass spectrometry[J]. Atmospheric Chemistry and Physics, 16 (14): 9109-9127.

Wang J, Huang Y, Li T, et al., 2020. Annual characteristics, source analysis of PM_1-bound potentially harmful elements in the eastern district of Chengdu, China[J]. Archives of Environmental Contamination and Toxicology, 79 (2): 177-183.

Wang Q, Wang W, 2020. Size characteristics and health risks of inorganic species in $PM_{1.1}$ and $PM_{2.0}$ of Shanghai, China, in spring, 2017[J]. Environmental Science and Pollution Research, 27 (13): 14690-14701.

Wang S, Liao T T, Wang L L, et al., 2016b. Process analysis of characteristics of the boundary layer during a heavy haze pollution episode in an inland megacity, China[J]. Journal of Environmental Sciences, 40 (2): 138-144.

Wang Y, Zhuang G S, Aohan Tang, et al., 2005. The ion chemistry and the source of $PM_{2.5}$ aerosol in Beijing[J]. Atmospheric Environment, 39 (21): 3771-3784.

Wang Y, Zhuang G, Zhang X, et al., 2006. The ion chemistry, seasonal cycle, and sources of $PM_{2.5}$ and TSP aerosol in Shanghai[J]. Atmospheric Environment, 40 (16): 2935-2952.

Weis D, Kieffer B, Maerschalk C, et al., 2006. High-precision isotopic characterization of USGS reference materials by TIMS and MC-ICP-MS[J]. Geochemistry Geophysics Geosystems, 7 (8): 1-30.

Wu L C, Luo X S, Li H B, et al., 2019. Seasonal levels, sources, and health risks of heavy metals in atmospheric $PM_{2.5}$ from Four Functional Areas of Nanjing city, Eastern China[J]. Atmosphere, 10 (7): 419.

Xiao H Y, Liu C Q, 2004. Chemical characteristics of water-soluble Components in TSP over Guiyang , SW China, 2003[J]. Atmospheric Environment, 38 (37): 6297-6306.

Xie R K, Seip H M, Leinum J R, et al., 2005. Chemical characterization of individual particles (PM_{10}) from ambient air in Guiyang City, China[J]. Science of The Total Environment, 343 (1-3): 261-272.

Yan L N, Zuo H, Zhang J Q, et al., 2019. Comparative study on the distribution characteristics and sources of heavy metal in PM_1, $PM_{2.5}$, and PM_{10} in Shijiazhuang City[J]. Earth Science Frontiers, 26 (3): 263-270.

Yang X, Zhou X, Kan T, et al., 2019. Characterization of size resolved atmospheric particles in the vicinity of iron and steelmaking industries in China[J]. Science of The Total Environment, 694: 133534.

Yin J, Harrison R M, 2008. Pragmatic mass closure study for $PM_{1.0}$, $PM_{2.5}$ and PM_{10} at roadside, urban background and rural sites[J]. Atmospheric Environment, 42 (5): 980-988.

Yongming H, Peixuan D, Junji C, et al., 2006. Multivariate analysis of heavy metal contamination in urban dusts of Xi'an, Central China[J]. Science of the Total Environment, 355 (1): 176-186.

Yu X, Ma J, An J, et al., 2016. Impacts of meteorological condition and aerosol chemical compositions on visibility impairment in Nanjing, China[J]. Journal of Cleaner Production, 131: 112-120.

Yue J J, Palmiero R, Han Y Y, et al., 2018. Characterization of PM$_1$-bound metallic elements in the ambient air at a high mountain site in Northern China[J]. Aerosol and Air Quality Research, 18(12): 2967-2981.

Yue W, Lia X, Liu J, et al., 2006. Characterization of PM$_{2.5}$ in the ambient air of Shanghai city by analyzing individual particles[J]. Science of The Total Environment, 368(2-3): 916-925.

Zajusz-Zubek E, Radko T, Mainka A, 2017. Fractionation of trace elements and human health risk of submicron particulate matter (PM$_1$) collected in the surroundings of coking plants[J]. Environmental Monitoring and Assessment, 189(8): 389.

Zhang H Y, Cheng S Y, Li J B, et al., 2019. Investigating the aerosol mass and chemical components characteristics and feedback effects on the meteorological factors in the Beijing-Tianjin-Hebei region, China[J]. Environmental Pollution, 244: 495-502.

Zhang Y, Lang J, Cheng S, et al., 2018. Chemical composition and sources of PM$_1$ and PM$_{2.5}$ in Beijing in autumn[J]. Science of The Total Environment, 630: 72-82.

Zhao Q B, Huo J T, Yang X, et al., 2020. Chemical characterization and source identification of submicron aerosols from a year-long real-time observation at a rural site of Shanghai using an Aerosol Chemical Speciation Monitor[J]. Atmospheric Research, 246: 105154. https://doi.org/10.1016/j.atmosres.2020.105154.

Żyrkowski M, Neto R C, Santos L F, et al., 2016. Characterization of fly-ash cenospheres from coal-fired power plant unit[J]. Fuel, 174: 49-53.